高等职业教育教材

单片机应用技能操作和学习指导

姚晓平　主　编
张　平　副主编

电子工业出版社
Publishing House of Electronics Industry
北京·BEIJING

内 容 简 介

本书以 Proteus 和 Keil C 软件作为单片机应用系统的设计和仿真平台，以 C 语言作为编程语言，将工程概念渗透于书中，强调在应用中学习单片机，强化学生的实际动手操作能力的培养。全书共设置了 5 个项目 14 个任务，通过对霓虹灯的设计与制作、电子钟的设计与制作、测量仪表的设计与制作、通信口应用与控制的设计与制作、微波炉控制系统的设计与制作任务的讲解，实现从产品概念、设计、制作的全过程训练。本书打破了单片机传统的教学顺序，让读者在每个任务中循序渐进地掌握单片机应用技术，重点突出了各项技能的训练方法。教材体现了教、学、做相结合的教学模式，设计编写了工作任务计划书、学生工作页、评价标准、项目工作总结等，引导学生进行自主学习、在制作中进行质量控制、完成任务后对作品评价、总结，促进职业技能的提升，使理实一体化教学成为可能。更多内容参见精品课程网站http://jpkc.njevc.cn/dpj/index.asp。

该教材特色鲜明，特别适合作为高职高专及中等职业院校的单片机教材，也可作为电子爱好者及各类工程技术人员的参考书。

未经许可，不得以任何方式复制或抄袭本书之部分或全部内容。
版权所有，侵权必究。

图书在版编目（CIP）数据

单片机应用技能操作和学习指导 / 姚晓平主编. —北京：电子工业出版社，2012.9
高等职业教育教材
ISBN 978-7-121-17471-1

Ⅰ.①单… Ⅱ.①姚… Ⅲ.①单片微型计算机—高等职业教育—教学参考资料 Ⅳ.①TP368.1

中国版本图书馆 CIP 数据核字（2012）第 140018 号

策划编辑：施玉新
责任编辑：郝黎明　　文字编辑：裴　杰
印　　刷：北京虎彩文化传播有限公司
装　　订：北京虎彩文化传播有限公司
出版发行：电子工业出版社
　　　　　北京市海淀区万寿路 173 信箱　邮编 100036
开　　本：787×1 092　1/16　印张：6.5　字数：166.4 千字
版　　次：2012 年 9 月第 1 版
印　　次：2019 年 1 月第 3 次印刷
定　　价：15.00 元

凡所购买电子工业出版社图书有缺损问题，请向购买书店调换。若书店售缺，请与本社发行部联系，联系及邮购电话：(010) 88254888，88258888。
质量投诉请发邮件至 zlts@phei.com.cn，盗版侵权举报请发邮件至 dbqq@phei.com.cn。
本书咨询联系方式：(010) 88254598，syx@phei.com.cn。

前　言

过去对于单片机的教学，均是采用以单片机的结构为主线，先介绍单片机的硬件结构，然后是指令，接着是软件编程，再介绍单片机系统的扩展和各种外围器件的应用，最后再介绍一些实例。按照这种教学结构，现在的学生普遍感到难学。尤其是在不知道一个单片机开发的完整过程的时候，很多人就长叹：单片机太难学了！放弃吧。

基于以上情况，我们在编写本书时，采用行动导向教学，以工作引导问题的展开，引导学生自主学习，通过查阅相关资料，自主制订学习工作计划并实施，在实施中个人、小组、老师共同进行质量检查与控制，最后参与全过程的学习过程和成果的评价，促进学生综合素质和职业能力的提高，在教学中学生是教学活动的主体，老师只是教学过程的引导者和组织者。

本书是《单片机应用技术项目化的教程》的配套书，是对教程学习的技能操作和学习指导。本书分5个项目，项目一是霓虹灯的设计与制作，项目二是电子钟的设计与制作，项目三是测量仪表的设计与制作，项目四是通信口应用与控制的设计与制作，项目五是微波炉控制系统的设计与制作。每个项目从项目描述、项目设计内容、任务目标、工作评价、任务拓展和参考作品等方面对学生的学习进行学习指导和技能训练。

我们期望本书能达到以下效果：

（1）以学生的认知规律为主线，突显快乐学习，玩中增长才干。

（2）建立以Keil C51 和Proteus 软件建立的仿真系统，检验自己的工作成果，最终以PCB实际制作完成产品。通过每个任务的知识点学习、技能训练，构建单片机应用能力。

（3）完成第一个项目即可进行单片机的初步应用尝试，不必学完单片机的全部知识体系。随着项目的逐渐进行，知识逐渐完善，能力逐渐提高，所有任务完成时，已具有初步模仿开发能力。

（4）希望能培养以工程实践为导向的项目化课程结构。

本书由姚小平担任主编，张平担任副主编，其中，项目一由张敏菊编写，项目二由姚晓平编写，项目三由魏小林编写，项目四由张平编写，项目五由陈章余编写。实例部分经郭星辰仿真和制作验证。我们虽然查阅了大量资料，但是在知识点的整合上，项目、任务的选择和设计上等，还有许多需要商榷的地方。

由于水平有限，时间仓促，不足之处再所难免，恳请读者批评指正。

编　者

2012年8月

目　录

项目一　霓虹灯的设计与制作 ·· (1)
　　任务一　点亮一个 LED 灯 ·· (2)
　　任务二　闪烁灯 ·· (4)
　　任务三　流水灯 ·· (6)
　　任务四　霓虹灯 ·· (8)

项目二　电子钟的设计与制作 ·· (13)
　　任务一　秒表的设计与制作 ·· (15)
　　任务二　按键变数的设计与制作 ··· (23)
　　任务三　电子钟的设计与制作 ·· (27)

项目三　测量仪表的设计与制作 ·· (34)
　　任务一　数字电压表的设计与制作 ·· (35)
　　任务二　信号发生器的设计与制作 ·· (40)

项目四　通信口应用与控制的设计与制作 ··· (52)
　　任务一　单片机双向通信控制系统的设计与制作 ···································· (55)
　　任务二　无线抄表系统的设计与制作 ··· (61)

项目五　微波炉控制系统的设计与制作 ··· (70)
　　任务一　12864 液晶显示 ··· (72)
　　任务二　电动机控制 ··· (78)
　　任务三　微波炉控制系统的实现 ··· (84)

项目一　霓虹灯的设计与制作

霓虹灯在生活中极为常见。例如，在许多城市的商场、饭店、宾馆等地方，用霓虹灯来吸引来来往往人群的眼球。这些不同颜色、不同形状的霓虹灯给我们的生活增添了许多色彩。那么，制作简单的霓虹灯的原理是什么呢？用 LED 如何来制作霓虹灯？

一、项目描述

一个易实现的 LED 霓虹灯系统由霓虹灯控制系统和 LED 灯形状阵列组成。霓虹灯控制系统的作用是实现驱动 LED 发光。LED 灯形状阵列可以根据具体的设计要求来制作。

LED 的发光形式有很多种，常见的霓虹灯发光现象有长亮、闪烁和流动。将这几种现象组合穿插，就能得到各种各样的霓虹灯。

二、项目设计内容

霓虹灯设计制作主要完成以下两项：
1. 单片机最小系统的设计制作
2. LED 灯形状阵列的设计

（1）控制系统的设计制作是完成基于 AT89S51 单片机的硬件设计，LED 发光驱动的实现。

（2）LED 灯形状阵列的设计。LED 的发光颜色有很多种，发光形状也不尽相同，在具体的设计过程中，可以依据自己的思路来设计，避免千篇一律。

（3）通过以上的任务分析，将项目一划分为四个任务，循序渐进地学习如何用单片机来实现制作霓虹灯。

三、任务目标

1. 知识目标

（1）了解 89C51 单片机的基本知识。

（2）了解基本电子知识，可以对 Keil 软件进行简单的使用。

（3）掌握使用单片机学习板学习单片机的方法。

（4）掌握用 Protues 设计电路原理图的步骤。

2. 技能目标

（1）认识单片机学习板的各个部分及其功能。

（2）使用软件和单片机学习板掌握霓虹灯的发光原理。

（3）能通过设计搭建电路实现霓虹灯现象。

3. 素质目标

（1）培养学生的自学能力。

（2）培养学生的团队合作意识。

(3) 培养学生分析问题、解决问题的能力。

四、工作评价

1. 学业评价形式

学业评价由个人、小组和教师分别打分，计入总分。注重平时和过程的考核，注重学习态度，注重自学能力的培养，注重实干和创新精神的培养。

2. 学业评价标准

评价标准

小组成员			班级	
任务名称			学习时间	
评价类别	评价标准	评价内容	配分	评价
任务准备	资料准备	参与资料收集、整理、自主学习	5	
	计划制订	能初步制订计划	5	
	小组分工	分工合理、协调有序	5	
操作过程	实践操作	操作规范，举止文明	35	
	问题探究	能理论联系实际，善于发现问题并解决问题	10	
	文明安全	服从管理、遵守实训制度，保持工位整洁	5	
任务拓展	知识衍生	能实现前后知识的衔接和合理结合	5	
	应变能力	对任务开展过程中的意外情况能及时提出并能参与解决	5	
	创新程度	有创新建议提出	5	
实训态度	主动程度	主动性强	5	
	合作意识	有合作意识	5	
	严谨细致	认真仔细，有错能够纠正	5	
工作总结	完成项目设计报告	按时完成项目设计报告、总结	5	
合计			100	
评定等级				

任务一　点亮一个 LED 灯

根据教材对任务一的要求来完成以下任务：点亮与 P1 口相连的任意一个 LED 灯。

一、用万能板来搭建电路

二、小组进行软硬件调试

三、总结工作，进行任务评价

1. 教学评价表

小组成员				班级	
任务名称		任务一　点亮一个 LED 灯		学习时间	
评价类别	评价标准	评价内容		配分	评价
任务准备	资料准备	参与资料收集、整理、自主学习		5	
	计划制订	能初步制订计划		5	
	小组分工	分工合理、协调有序		5	
操作过程	实践操作	操作规范，举止文明		40	
	问题探究	能理论联系实际，善于发现问题并解决问题		10	
	文明安全	服从管理、遵守实训制度，保持工位整洁		5	
任务拓展	知识衍生	能实现前后知识的衔接和合理结合		5	
	应变能力	对任务开展过程中的意外情况能及时提出并能参与解决		5	
	创新程度	有创新建议提出		5	
实训态度	主动程度	主动性强		5	
	合作意识	有合作意识		5	
	严谨细致	认真仔细，有错能够纠正		5	
合计				100	
评定等级					

2. 学生工作页

班级：_____　　组号：_____　　组长：_____

任务名称		任务一　点亮一个 LED 灯	学时数	
小组成员			工作地点	
工作任务描述		1. 设计单片机最小系统； 2. 完成 LED 与单片机的连接； 3. 完成软件和硬件调试，并能用万能板实现任务一		
任务方案设计	硬件			
	软件			
方案验证（步骤、结果、问题等）				
学习心得				
学习评价	评价内容	个人评价（20%）	小组评价（30%）	教师评价（50%）
	知识目标评价内容（30%）			
	技能目标评价内容（40%）			
	素质目标评价内容（30%）			
	总评：			

四、任务拓展

对照 TX-1C 单片机学习板原理图编写程序,用位操作和总线操作两种方法完成以下题目:
1. 熟练建立 KEIL 工程
2. 点亮 1、3、5、7
3. 点亮二、四、五、六

任务二　闪烁灯

根据教材中对闪烁灯任务的描述,来完成以下任务:让与 P1 口相连的 8 个 LED 灯同时闪烁(闪烁延时时间 0.2s)。

一、用万能板搭建闪烁灯的电路

二、小组互查,软件调试、硬件检测、联调

三、总结,工作评价

1. 教学任务评价表

小组成员			班级	
任务名称		任务二　闪烁灯	学习时间	
评价类别	评价标准	评价内容	配分	评价
任务准备	资料准备	参与资料收集、整理、自主学习	5	
	计划制订	能初步制订计划	5	
	小组分工	分工合理、协调有序	5	
操作过程	实践操作	操作规范,举止文明	40	
	问题探究	能理论联系实际,善于发现问题并解决问题	10	
	文明安全	服从管理、遵守实训制度,保持工位整洁	5	
任务拓展	知识衍生	能实现前后知识的衔接和合理结合	5	
	应变能力	对任务开展过程中的意外情况能及时提出并能参与解决	5	
	创新程度	有创新建议提出	5	
实训态度	主动程度	主动性强	5	
	合作意识	有合作意识	5	
	严谨细致	认真仔细,有错能够纠正	5	
合计			100	
评定等级				

2. 学习任务及评价

1）闪烁灯学生工作任务书

班级：_____ 组号：_____ 组长：_____

任务名称		闪烁灯		学时数	
小组成员				工作地点	
工作任务描述		1. 完成任务二的硬件设计，调试程序代码； 2. 完成仿真； 3. 完成问题思考			
任务方案设计	任务设计硬件图				
	任务程序代码（程序设计流程图）				
方案验证（步骤、结果、问题等）					
学习心得					
学习评价		个人评价（30%）	小组评价（30%）		教师评价（40%）
	总评：				

2）学生学习评价表

学生姓名：_____ 同组者：_____

自评项目	要求	评分标准	配分	个人评价	小组评价	教师评价
一、课前准备	1. 资料收集、知识准备充分； 2. 有项目实施初步方案	1. 资料不全扣 4 分； 2. 无初步方案扣 6 分	10			
二、硬件电路	1. 硬件电路设计合理、正确； 2. 元件位置正确、布置美观； 3. 导线连接走线规范、工整	1. 硬件电路设计不合理扣 10 分； 2. 元件位置不正确、插接方式不符合设计要求扣 5 分； 3. 导线连接走线不规范电路扣 10 分	25			
三、程序设计	1. 流程图设计规范、正确； 2. 能根据流程图正确写出程序清单，会根据定时要求修改延时程序	1. 流程图设计不正确扣 10 分； 2. 不能根据流程图正确写出程序清单扣 10 分； 3. 不会根据定时要求修改延时程序扣 5 分	25			
四、软硬件综合调试	1. 能使用 Keil C 软件调试、编译程序，产生 HEX 文件； 2. 会使用编程器烧录程序； 3. 对调试过程中出现的问题能及时解决，调试结果正确	1. 不会使用 Keil C 软件调试编译程序，产生 HEX 文件扣 10 分； 2. 不会使用编程器烧录程序扣 5 分； 3. 对调试过程中出现的问题不能及时解决，调试结果不正确扣 10 分	25			
五、实训态度	1. 着装整齐、操作工位卫生良好，操作过程井然有序，严格遵守工艺规程操作。不浪费原材料，操作过程符合安全规范； 2. 无事故，工具设备无损坏	1. 不符合技术要求扣 1 分/项； 2. 不符合安全用电全扣配分； 3. 工位布局不合理、操作工程有不安全现象扣 2 分/项	10			
六、实验报告、总结	按时完成项目实验报告、总结	未按时完成项目实验报告、总结扣 5 分	5			
合计总分						

四、任务拓展

（1）任务名称：控制实现 8 个 LED 同时闪烁 3 次。
（2）任务要求：完成硬件电路设计、程序流程图设计和程序代码的编写。
（3）完成软硬件调试。

任务三　流水灯

根据教材中流水灯的实现方法，设计制作流水灯：实现 P1 口上的 LED 依次从左往右流动 1 次，再从右往左流动 1 次，如此这样循环下去。

一、用万能板搭建电路
二、小组互查，软件调试、硬件检测、联调
三、总结，工作评价

1. 教学任务评价表

小组成员			班级	
任务名称		任务三　流水灯	学习时间	4
评价类别	评价标准	评价内容	配分	评价
任务准备	资料准备	参与资料收集、整理、自主学习	5	
	计划制订	能初步制订计划	5	
	小组分工	分工合理、协调有序	5	
操作过程	实践操作	操作规范，举止文明	40	
	问题探究	能理论联系实际，善于发现问题并解决问题	10	
	文明安全	服从管理、遵守实训制度，保持工位整洁	5	
任务拓展	知识衍生	能实现前后知识的衔接和合理结合	5	
	应变能力	对任务开展过程中的意外情况能及时提出并能参与解决	5	
	创新程度	有创新建议提出	5	
实训态度	主动程度	主动性强	5	
	合作意识	有合作意识	5	
	严谨细致	认真仔细，有错能够纠正	5	
合计			100	
评定等级				

2. 学习任务及评价

1) 流水灯学生工作任务书

班级：_____　　组号：_____　　　　　　组长：_____

任务名称	流水灯		学时数	
小组成员			工作地点	
工作任务描述	1. 完成硬件设计图； 2. 调试程序代码，烧结.hex 文件； 3. 完成仿真； 4. 完成拓展题			
任务方案设计	任务设计硬件图			
	任务程序代码（程序设计流程图）			
方案验证（步骤、结果、问题等）				
学习心得				
学习评价	个人评价（30%）		小组评价（30%）	教师评价（40%）
	总评：			

2) 学生学习自评表

学生姓名：_____　　同组者：_____

自评项目	要求	评分标准	配分	个人评价	小组评价	教师评价
一、课前准备	1. 资料收集、知识准备充分； 2. 有项目实施初步方案	1. 资料不全扣 4 分； 2. 无初步方案扣 6 分	10			
二、硬件电路	1. 硬件电路设计合理、正确； 2. 元件位置正确、布置美观； 3. 导线连接走线规范、工整	1. 硬件电路设计不合理扣 10 分； 2. 元件位置不正确、插接方式不符合设计要求扣 5 分； 3. 导线连接走线不规范电路扣 10 分	25			
三、程序设计	1. 流程图设计规范、正确； 2. 能根据流程图正确写出程序清单，会根据定时要求修改延时程序	1. 流程图设计不正确扣 10 分； 2. 不能根据流程图正确写出程序清单扣 10 分； 3. 不会根据定时要求修改延时程序扣 5 分	25			
四、软硬件综合调试	1. 能使用 Keil C 软件调试、编译程序，产生 HEX 文件； 2. 会使用编程器烧录程序； 3. 对调试过程中出现的问题能及时解决，调试结果正确	1. 不会使用 Keil C 软件调试编译程序，产生 HEX 文件扣 10 分； 2. 不会使用编程器烧录程序扣 5 分； 3. 对调试过程中出现的问题不能及时解决，调试结果不正确扣 10 分	25			
五、实训态度	1. 着装整齐、操作工位卫生良好，操作过程井然有序，严格遵守工艺规程操作。不浪费原材料，操作过程符合安全规范； 2. 无事故，工具设备无损坏	1. 不符合技术要求扣 1 分/项； 2. 不符合安全用电扣配分； 3. 工位布局不合理、操作工程有不安全现象扣 2 分/项	10			
六、实验报告、总结	按时完成项目实验报告、总结	未按时完成项目实验报告、总结扣 5 分	5			
合计总分						

四、任务拓展

1. 任务名称

控制实现 8 个 LED 流水灯两次后,再同时闪烁两次(用_crol_()或_cror_()来实现流水灯)。

2. 任务要求

完成硬件电路设计、程序流程图设计和程序代码的编写。

3. 完成软硬件调试

任务四　霓虹灯

一、任务要求

充分利用单片机的 4 个 I/O 口,设计三组不同颜色的 LED 灯,综合利用所学的知识来设计制作一款 LED 霓虹灯。

二、用万能板搭建电路

三、小组互查,软件调试、硬件检测、联调

四、总结,工作评价

1. 教学任务评价表

小组成员			班级	
任务名称		任务四　霓虹灯	学习时间	4
评价类别	评价标准	评价内容	配分	评价
任务准备	资料准备	参与资料收集、整理、自主学习	5	
	计划制订	能初步制订计划	5	
	小组分工	分工合理、协调有序	5	
操作过程	实践操作	操作规范,举止文明	40	
	问题探究	能理论联系实际,善于发现问题并解决问题	10	
	文明安全	服从管理、遵守实训制度,保持工位整洁	5	
任务拓展	知识衍生	能实现前后知识的衔接和合理结合	5	
	应变能力	对任务开展过程中的意外情况能及时提出并能参与解决	5	
	创新程度	有创新建议提出	5	
实训态度	主动程度	主动性强	5	
	合作意识	有合作意识	5	
	严谨细致	认真仔细,有错能够纠正	5	
合计			100	
评定等级				

2. 学习任务及评价

1）霓虹灯学生工作任务书

班级：_____　　组号：_____　　　　　　组长：_____

任务名称	霓虹灯		学时数	
小组成员			工作地点	
工作任务描述	1. 完成霓虹灯的硬件电路设计； 2. 完成程序代码的编写调试，并进行调试； 3. 完成设计报告			
任务方案设计	任务设计硬件图			
	任务程序代码（程序设计流程图）			
方案验证（步骤、结果、问题等）				
学习心得				
学习评价	个人评价（30%）		小组评价（30%）	教师评价（40%）
	总评：			

2）学生学习自评表

学生姓名：_____　　同组者：_____

自评项目	要求	评分标准	配分	个人评价	小组评价	教师评价
一、课前准备	1. 资料收集、知识准备充分； 2. 有项目实施初步方案	1. 资料不全扣4分； 2. 无初步方案扣6分	10			
二、硬件电路	1. 硬件电路设计合理、正确； 2. 元件位置正确、布置美观； 3. 导线连接走线规范、工整	1. 硬件电路设计不合理扣10分； 2. 元件位置不正确、插接方式不符合设计要求扣5分； 3. 导线连接走线不规范电路扣10分	25			
三、程序设计	1. 流程图设计规范、正确； 2. 能根据流程图正确写出程序清单，会根据定时要求修改延时程序	1. 流程图设计不正确扣10分； 2. 不能根据流程图正确写出程序清单扣10分； 3. 不会根据定时要求修改延时程序扣5分	25			
四、软硬件综合调试	1. 能使用 Keil C 软件调试、编译程序，产生 HEX 文件； 2. 会使用编程器烧录程序； 3. 对调试过程中出现的问题能及时解决，调试结果正确	1. 不会使用 Keil C 软件调试编译程序，产生 HEX 文件扣10分； 2. 不会使用编程器烧录程序扣5分； 3. 对调试过程中出现的问题不能及时解决，调试结果不正确扣10分	25			

续表

自评项目	要求	评分标准	配分	个人评价	小组评价	教师评价
五、实训态度	1. 着装整齐、操作工位卫生良好，操作过程井然有序，严格遵守工艺规程操作。不浪费原材料，操作过程符合安全规范； 2. 无事故，工具设备无损坏	1. 不符合技术要求扣 1 分/项； 2. 不符合安全用电全扣配分； 3. 工位布局不合理、操作工程有不安全现象扣 2 分/项	10			
六、实验报告、总结	按时完成项目实验报告、总结	未按时完成项目实验报告、总结扣 5 分	5			
合计总分						

五、任务拓展

选择一种霓虹灯并用已学的单片机知识来实现。

1. 任务要求

完成硬件电路设计、程序流程图设计和代码的编写。

2. 完成软硬件调试

3. 写出任务报告

六、附件

1. 实物图（见图 1-4-1）

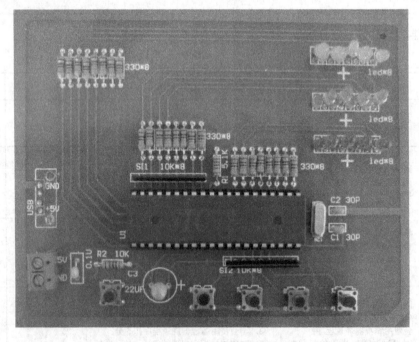

图 1-4-1　实物图

2. 原理图（见图1-4-2）

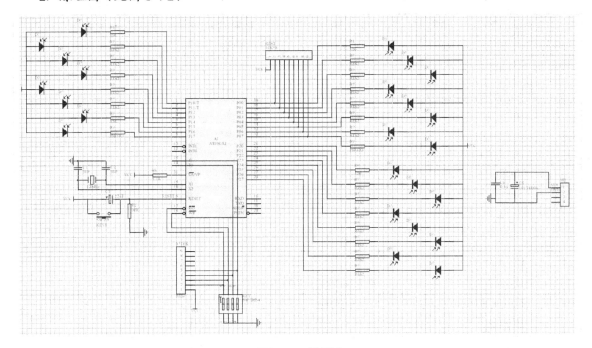

图1-4-2　原理图

3. PCB图（见图1-4-3）

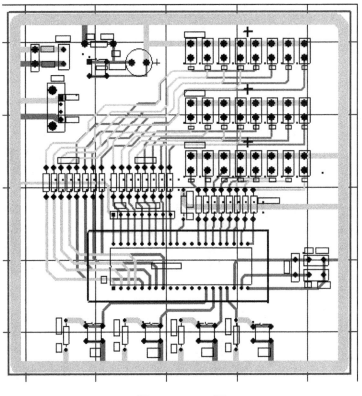

图1-4-3　PCB图

4. 元器件清单

名　称	参　数	数量（个）	备　注
电阻	330Ω	24	
	10kΩ	1	
	5.1kΩ	1	
电容	30pF	2	
	22μF	1	钽电容
	0.1μF	1	
排阻	10kΩ*8	2	
芯片	AT89C55WD	1	
晶振	12M	1	
底座	40P	1	
USB 底座		1	
接线端子	2P 间距 5mm	1	
LED 发光管	红、黄、绿色	各8	
独立按键		5	
开关电源	5V（1A）	1	

项目二 电子钟的设计与制作

一、项目描述

本项目以电子钟为载体，通过电子钟的设计与制作，学习单片机的输入与输出控制，掌握数码管显示、键盘控制和单片机的人机接口技术；学习单片机整体方案的考虑、软硬件设计、整机装配和调试技术。

二、工作内容

本项目要求学生通过上网、去图书馆等方法收集电子钟的相关资料，设计一款电子钟，功能和性能分基本要求和个人发挥两部分，详细要求由小组讨论决定。具体内容如下：
（1）查资料，完成任务分析、提出性能指标和功能。
（2）设计硬件原理图，提出元器件清单。
（3）设计软件流程图。
（4）分组，分任务，进行电路连接和程序设计。
（5）系统调试，测试性能和功能。
（6）完成项目设计报告并汇报，对项目自评、小组评和教师评价并完善产品。

三、学习目标

（1）掌握数码管显示技术，了解其他显示方法。
（2）掌握单键盘识别技术，了解矩阵键盘。
（3）掌握共阴和共阳数码管的区分、数码管的引脚特点及其封装。
（4）能设计简单的输入与输出接口电路，了解发声电路的设计。
（5）掌握计数、中断的编程方法。
（6）初步掌握产品的设计、安装、调试过程。

四、工作评价

1. 学业评价形式

学业评价由个人、小组和教师分别打分，计入总分。注重平时和过程的考核，注重学习态度，注重自学能力的培养，注重实干和创新精神的培养。

2. 学业评价标准

班级：　　　　学生姓名：　　　　同组者：

评价项目	要求	评分标准	配分	个人评价	小组评价	教师评价
一、工作准备	1. 收集电子钟的相关资料，认识数码管、键盘等元件，了解中断、计数等知识； 2. 有项目实施初步方案	1. 资料不全扣4分； 2. 无初步方案扣6分	10			
二、电路设计	1. 电路设计合理、正确； 2. 元件安放合理、美观； 3. 走线、连接规范	1. 电路设计不合理扣10分； 2. 元件位置不正确、插接方式不符合设计要求扣5分； 3. 导线连接走线不规范扣10分	25			
三、程序设计	1. 流程图设计规范、正确； 2. 能根据流程图正确写出程序	1. 流程图设计不正确扣10分； 2. 不能根据流程图正确编写程序扣15分	25			
四、软硬件联调	1. 能使用Keil C软件调试、编译程序，产生HEX文件；能使用Proteus软件仿真； 2. 会使用编程器等工具烧录程序； 3. 对调试过程中出现的问题能及时解决，调试结果正确	1. 不会使用Keil C软件编译程序、Proteus软件仿真扣10分； 2. 不会使用编程器等烧录程序扣5分； 3. 对调试过程中出现的问题不能及时解决，调试结果不正确扣10分	25			
五、工作态度	1. 着装整齐、操作工位整洁，操作过程按照工艺要求有序工作，符合安全规范。不浪费原材料； 2. 操作过程无事故，无工具设备损坏	1. 不符合技术要求扣1分/项； 2. 不符合安全用电全扣10分； 3. 工艺要求不合理、操作工程不安全扣2分/项	10			
六、工作总结	完成项目设计报告	未按时完成项目设计报告、总结扣5分	5			
合计总分						

五、工作过程

根据要求，设计和制作的电子钟基本功能如下：数码管显示；键盘调节时、分和秒；具有显示时钟和校时等功能；可根据各自学习状况，选择增加闹钟、报时等功能。本项目有三个任务，即秒表的设计与制作、按键变数的设计与制作和电子钟的设计与制作，以渐进式完成设计和制作任务。

工作任务计划书

班级：　　　　学生姓名：　　　　同组者：

项目	电子钟的设计与制作	任务	工作任务计划书
要求：制订设计与制作项目的工作计划和要求，按照项目设计、生产规范			
资料检索 （制订要查找的资料）			
工作计划 （完成任务的时间安排）			
产品功能 （描述产品的功能、面向群体、指标等）			

续表

项　　目	电子钟的设计与制作	任　　务	工作任务计划书
设计要求 （根据功能要求，提出设计指标、功能等）			
制作工艺 （制作要求、安装要求等）			
成本要求 （通过元件选型、方案比较等制定性价比高的方案）			
产品检测 （对性能、指标测试）			
方案完善 （提出对产品的完善建议）			
备　　注			

任务一　秒表的设计与制作

一、秒表的设计与制作

秒表的设计与制作任务书

班级：　　　　学生姓名：　　　　同组者：

项　　目	电子钟的设计与制作	任　　务	秒表的设计与制作
要求：掌握数码管显示技术，了解其他显示方法			
资料检索 （数码管；一体数码管；数码管的段码和位码；数码管的共阴与共阳的区分；一体数码管的引脚图；数码管显示要求；其他显示技术）			
知识学习 （学习要点总结归纳）			
元件选择 （数码管；一体数码管；锁存和译码元件；性价比考虑）			
元件检测 （数码管的共阴与共阳的区分；一体数码管的引脚图；数码管的段码和位码）			
方案设计 （秒表的工作原理图、程序、仿真、修改、完善）			

项　目	电子钟的设计与制作	任　务	秒表的设计与制作
安装调试 （安装、调试、检测）			
方案完善 （提出对产品的完善建议）			
应用推广 （数码管显示技术的其他应用）			
学习思考 （学习方法、经验等）			

二、元件检测

1. 数码管的共阴与共阳的区分

识别是共阴型的还是共阳型的数码管，可以通过测量它的引脚，找公共共阴和公共共阳。首先，需要电源（3～5V）和 1 个 1kΩ（几百欧的也行）的电阻，电源串接电阻后和地接在任意两个脚上，组合有很多，但总有数码管的一段会发光，找到一个然后地不动，电源（串电阻）逐个碰剩下的脚，如果其他段（一般是 7 段，一个点）也亮，那它就是共阴的。相反电源不动，地逐个碰剩下的脚，如果其他段（一般是 7 段，一个点）也亮，那它就是共阳的。也可以直接用万用表，同测试普通半导体二极管一样。

注意：指针式万用表电阻挡应选择 $R×10kΩ$ 挡，因为 $R×1kΩ$ 挡测不出数码管的正反向电阻值。对于共阴极的数码管，红表笔接数码管的"-"，黑表笔分别接其他各脚。测共阳极的数码管时，黑表笔接数码管的"+"，红表笔接其他各脚。红表笔是电源的正极，黑表笔是电源的负极。共阴数码管和共阳数码管各自的引脚分布如图 2-1-1 所示。

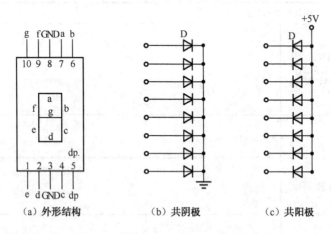

(a) 外形结构　　　(b) 共阴极　　　(c) 共阳极

图 2-1-1　数码管引脚图

2. 一体数码管的引脚图

一体数码管的内部段已相互连接好，接下来的任务就是找出引脚所对应的数码管的段和位。

1) 二位一体数码管的引脚图

二位一体数码管有 2 个位选、8 个段选，共 10 个引脚。型号不同，引脚图也不一样。用万用表来测，把万用表打到检验二极管的那一挡，先找到两个公共端，共阳的公共端接正极，用万用表负极在各段上测试，得出 a、b、c、d、e、f、g、h、dp 引脚。

2) 三位一体数码管的引脚图

三位一体数码管有 3 个位选、8 个段选，共 11 个引脚。型号不同，引脚图也不一样。

3) 四位一体数码管的引脚图

四位一体数码管有 4 个位选、8 个段选，共 12 个引脚。型号不同，引脚图也不一样。引脚大致如图 2-1-2 所示（正面朝自己，小数点在下方）。a、b、c、d、e、f、g、dP 为段引脚，1、2、3、4 分别表示 4 个数码管的位。

```
o   o   o   o   o   o
1   a   f   2   3   b
o   o   o   o   o   o
e   d   dp  c   g   4
```

图 2-1-2　四位一体数码管的引脚图

三、附件

1. 实物图（见图 2-1-3）

图 2-1-3　实物图

2. 原理图（见图2-1-4）

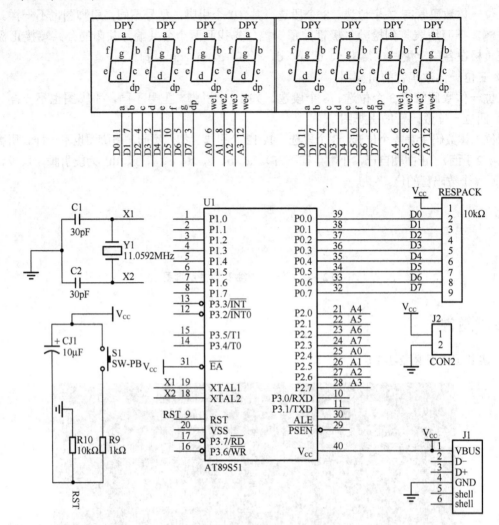

图 2-1-4　原理图

3. 元器件清单

秒表的设计与制作			
名称	规格	数量（个）	备注
电阻	1kΩ	8	
	10kΩ	2	
	5.1kΩ	1	
	200Ω	1	
	510Ω	8	
电容	30pF	2	
	22μF	1	钽电容
	0.1μF	1	

续表

秒表的设计与制作			
排阻	10kΩ×8	2	
芯片	AT89S52	1	
晶振	12M	1	
三极管	9012	8	
底座	40P	3	
USB 底座		1	
接线端子	2P 间距 5mm	1	
独立按键		2	
四位一体	0.5'	2	共阴

4. 源程序

```c
#include <reg52.h>                                  //头文件
#define uchar unsigned char                         //声明变量
#define uint unsigned int
uchar cnt,miao_ge,miao_shi;                         //计数变量
uchar code ledcode[]={0x3f,0x06,0x5b,0x4f,0x66,0x6d,0x7d,0x07,0x7f,0x6f,0x77,0x7c,
0x39,0x5e,0x79,0x71};                               //0 - F
uchar code ledwei[]={0XFE,0XFD,0XFB,0XF7,0XEF,0XDF,0XBF,0X7F};   //位码
void delay(uint z)                                  //延时函数
{
    while(z--);
}
void  led(uchar duan,wei)
{
    P2=ledwei[wei];                                 //P2 口为段码显示
    P0=ledcode[duan];                               //P0 口为位码显示
}
void timer0() interrupt 1                           //定时中断子程序
{
    TH0=0x3C;                                       //给定时器赋初值 50ms
    TL0=0xB0;
    cnt++;                                          //中断一次加一
}
void main()                                         //主程序
{
    uchar miao;                                     //初始化
    TMOD=0x01;                                      //设置定时器 0 工作方式 1
    TH0=0x3C;                                       //50ms 定时
    TL0=0xB0;
    EA=1;                                           //开总中断
    ET0=1;                                          //开定时/计数器 0 中断
```

```c
        TR0=1;                                  //启动定时/计数器0
        while(1)                                 //循环
        {
            if(cnt==20)                          //计数
            {
                cnt=0;                           //中断标志位0
                miao++;
                if(miao==60)                     //满60变为0
                {
                    miao=0;
                }
            }
            miao_ge=miao%10;
            miao_shi=miao/10;
            led(miao_ge,7);                      //第8个数码管
            delay(500);                          //延时
            led(miao_shi,6);                     //第7个数码管
            delay(500);                          //延时
        }
    }
```

5. 能力拓展

1) 数码管显示方式

（1）六位管码管在以0.3s的间隔在闪烁，这是采用查询方式的，比较占CPU资源。

```c
/*************************************************************
定义引脚：     P2_0-----上横 a          P3_0-------个位
              P2_1-----右上竖 b         P3_1-------十位
              P2_2-----右下竖 c         P3_2-------百位
              P2_3-----下横 d           P3_3-------千位
              P2_4-----左下竖 e         P3_4-------万位
              P2_5-----左上竖 f         P3_5-------十万位
              P2_6-----中间横 g
              P2_7-----小数点 H
**************************************************************/
# include <AT89X51.h>
typedef unsigned char uchar;
uchar code bit_num[]={0xfe,0xfd,0xfb,0xf7,0xef,0xdf};    //位码值表:0,1,2,3,4,5
uchar code meg_val[]={0x03,0x9f,0x25,0x0d,0x99,0x49};    //段码值表:0,1,2,3,4,5
uchar code hello[]={0x03,0xe3,0xe3,0x61,0x91,0xff};      //HELLO
uchar code beybey[]={0x89,0x61,0xc1,0x89,0x61,0xc1};     //beybey
uchar code ab6789[]={0xc1,0x11,0x09,0x01,0x1f,0x41};     //ab6789
void delay(int n);
void main(void)
{
    uchar i,m;
    P2=0xff;                                            //先将段码关闭
```

```
            P3=0xff;                           //将位码关闭
            delay(20);              //等待一会
            while(1)
              {
               for (m=30;m>0;m--)            //显示30次约0.3s
          {
            for(i=0;i<=5;i++)
              {
               P2=0xff;
               P3=bit_num[i];           //输出位码到P3口
               P2=ab6789[i];            //输出段码到P2口
               delay(5);
              }
           }
              P2=0xff;                 //关闭段码
              P3=0xff;                 //关闭位码
              delay(1000);             //等待0.3s
             }
          }
         void delay(int n)             //延时子程序
         {
             int j;
             uchar k;
             for(j=0;j<n;j++)
               {
                for(k=255;k>0;k--);
               }
         }
=========================================================
```

当把程序写入单片机,插上电源运行时,会出现乱码。

原来P2口的方向是反的,在AT89S51引脚排列上,P0、P1和P3都是上方为PX_0。而唯独P2口引脚排列是下方为P2_0,方向刚好是反的,既然反了,那就把段码表重写一下。再试,一切正常。

段码的排列没有什么标准的排法,随自己的接法而定,所以要根据硬件的设计来编程。在上面程序里,开始是将P2_0对应段码a(也就是上面的横),一直到P2_7对应段为h(就是小数点)。结果P2口刚好是反的。这样一来也就是倒过来了,P2_0对应段h(小数点)了。例如,原先定义的数码管显示"2"段码为10100100B,一接反了就不再是"2"了。而要想再显示"2",那就把段码的高低位倒过来,改为00100101B即可。

(2)这是采用中断方式的,也是带闪烁的。

```
/****************************************************************
    定义引脚:    P2_0------小数点        P3_0------个位
                P2_1------中横          P3_1------十位
                P2_2------左上竖        P3_2------百位
                P2_3------左下竖        P3_3------千位
```

```
                    P2_4------下横        P3_4------万位
                    P2_5------右下竖      P3_5------十万位
                    P2_6------右上竖
                    P2_7------上横
**************************************************************/
# include <AT89X51.h>
typedef unsigned char uchar;
uchar code bit_num[]={0xfe,0xfd,0xfb,0xf7,0xef,0xdf};   //位码:0,1,2,3,4,5
uchar code meg_val[]={0x49,0x99,0x0d,0x25,0x9f,0x03};   //段码:0,1,2,3,4,5
uchar i,aa;                                              //定义全局变量
bit fg;                                                  //定义一个亮起和熄灭标志
void timer0(void) interrupt 1 using 1                    //中断程序
{
    if (fg)                                              //当 fg 为 1 时点亮 6 位数码管
    {   P2=0xff;
        if (i>=6)
        {
            i=0;
        }
        else
        {
            P3=bit_num[i];                               //输出位码到 P3 口
            P2=meg_val[i];                               //输出段码到 P2 口
            i++;
        }
    }
    else                                                 //当 fg 为 0 时熄灭数码管
    {
        if(aa==0)
        {
            P3=0xff;
            P2=0xff;
        }
    }
    aa++;
    if (aa>=254)                                         //当 aa 值累加至 254 时 fg 标志翻转
    {
        fg=~fg;
        aa=0;
    }
    TH0=0xf8;                                            //重装定时器初值,2ms,值为 65536-2000
    TL0=0x30;
}

void main(void)
{
```

```
        P2=0xff;                          //先将段码关闭
        P3=0xff;                          //将位码关闭
        TMOD=0x01;                        //设置 T0 为模式 1
        TH0=0xf8;                         //装入计数初值高位
        TL0=0x30;                         //装入计数初值低位
        EA=1;                             //总允许
        ET0=1;                            //T0 允许
        fg=1;                             //将亮、灭标志设置为亮
        TR0=1;                            //启动中断
        while(1);
    }
```

2）自己动手想一想、练一练、做一做
（1）倒计时秒表的设计与制作。
（2）8 只数码管显示不同的数字设计与制作。
（3）8 只数码管滚动显示数字（移位显示）设计与制作。

任务二　按键变数的设计与制作

一、按键变数的设计与制作

按键变数的设计与制作任务书

班级：　　　　学生姓名：　　　　同组者：

项　目	电子钟的设计与制作	任　务	按键变数的设计与制作
要求：掌握数码管显示技术，了解其他显示方法			
资料检索 （独立式按键；触点防抖电路；矩阵式按键；矩阵式按键工作方式；其他输入方式）			
知识学习 （学习要点总结归纳）			
元件选择 （按键；开关；性价比考虑）			
元件检测 （按键性能检测；按键与开关的区分）			
方案设计 （按键变数的原理图、程序、仿真、修改、完善）			
安装调试 （安装、调试、检测）			
方案完善 （提出对产品的完善建议）			
应用推广 （按键的单一与组合功能）			
学习思考 （学习方法、经验等）			

二、元件检测

1. 按键的检测

（1）用数字万用表接地挡，将红、黑表笔分别接按键的两端，当按键按下时万用表发出报警声，当按键松开时则无声，万用表显示 1。

（2）根据以下的按键电路原理图（图 2-2-1）和检测程序（暂不用按键中断功能），观察在实验板上实现对 SW1～SW6 按键的检测及译码处理。让按键和 LED 灯对应，按下按键就让对应的 LED 灯点亮，按键被释放后，对应的 LED 灯也同时熄灭。

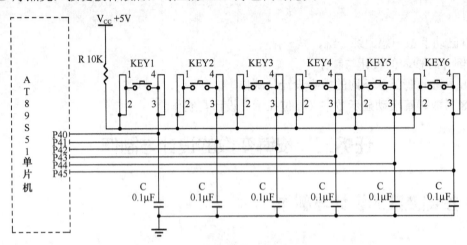

图 2-2-1　按键电路原理图

三、附件

1. 实物图（见图 2-2-2）

图 2-2-2　实物图

2. 原理图（见图2-2-3）

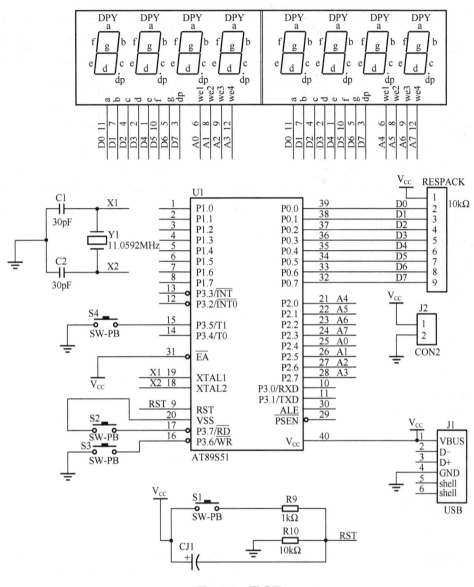

图 2-2-3　原理图

3. 元器件清单

按键变数的设计与制作			
名称	规格	数量（8个）	备注
电阻	1kΩ	8	
	10kΩ	2	
	5.1kΩ	1	
	200Ω	1	
	510Ω	8	

续表

按键变数的设计与制作			
电容	30pF	2	
	22μF	1	钽电容
	0.1μF	1	
排阻	10kΩ*8	2	
芯片	AT89S52	1	
晶振	12M	1	
三极管	9012	8	
底座	40P	3	
USB 底座		1	
接线端子	2P 间距 5mm	1	
独立按键		5	
四位一体	0.5'	2	共阴

4. 源程序

```
#include <AT89X51.H>          //头文件
unsigned char Numb;           //定义变量
  void delay10ms(void)        //延时 10ms
{
unsigned char i,j;
for(i=20;i>0;i--)
for(j=248;j>0;j--);
  }
void delay02s(void)           //延时 0.2s
{
  unsigned char i;
for(i=20;i>0;i--)
  {
delay10ms();                  //调用延时 10ms
  }
 }
void main(void)               //主程序
 {
  while(1)
   {
if(P3_7= =0)
   {
delay10ms();
  if(P3_7= =0)
{
Numb++;
if(Numb= =4)
```

```
        {
         Numb=0;
        }
        while(P3_7==0);
       }
      }
     switch(Numb)                          //提供四种选择
      {
       case 0:
       P1_0=~P1_0;
       delay02s();
       break;
       case 1:
       P1_1=~P1_1;
       delay02s();
       break;
       case 2:
       P1_2=~P1_2;
       delay02s();
       break;
       case 3:
       P1_3=~P1_3;
       delay02s();
       break;
      }
     }
    }
```

5. 能力拓展

自己动手想一想、练一练、做一做

（1）个位数的加减乘除计算器的设计与制作。

（2）密码锁的设计与制作。

任务三　电子钟的设计与制作

一、电子钟的设计与制作

电子钟的设计与制作任务书

班级：　　　学生姓名：　　　同组者：

项　目	电子钟的设计与制作	任　务	电子钟的设计与制作
要求：掌握电子钟的设计和制作，了解产品制作过程			
资料检索 （电子钟的功能；设计方案；软件编程；软硬件调试）			

续表

项　目	电子钟的设计与制作	任　务	电子钟的设计与制作
输入接口 （电路和程序）			
输出接口 （电路、输出和校时程序）			
时钟电路 （电路和程序）			
电源电路			
方案验证 （电子钟仿真、修改、完善）			
安装调试 （安装、调试、检测）			
方案完善 （提出对产品的完善建议）			
学习思考 （学习方法、经验等）			

二、附件

1. 实物图（见图 2-3-1）

图 2-3-1　实物图

2. 原理图（见图 2-3-2）

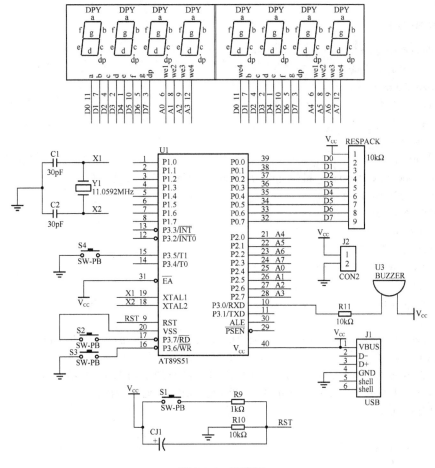

图 2-3-2　原理图

3. PCB 图（见图 2-3-3）

图 2-3-3　PCB 图

4. 元器件清单（同任务二元器件清单）
5. 源程序

参考源程序如下：

```c
#include <reg52.h>
#define uchar unsigned char
#define uint unsigned int
sbit key1=P3^5;
sbit key2=P3^6;
sbit key3=P3^7;
//sbit buzzer=P3^0;
uchar  cnt,shi,fen,miao,shi_shi,shi_ge,fen_shi,fen_ge,miao_shi,miao_ge;
uchar code ledcode[]={
0x3f,0x06,0x5b,0x4f,
0x66,0x6d,0x7d,0x07,
0x7f,0x6f,0x77,0x7c,
0x39,0x5e,0x79,0x71,0x40};// 共阴 dp~a
//uchar code ledcode[]={0xFC,0x60,0xDA,0xF2,0x66,0xB6,0xBE,0xE0,0xFE,0xF6,0x40};//共阴 a~dp
//uchar code ledcode[]={0x03,0x9F,0x25,0x0D,0x99,0x49,0x41,0x1F,0x01,0x09,0x40};//共阳 a~dp
//uchar code ledcode[]={0xC0,0xF9,0xA4,0xB0,0x99,0x92,0x82,0xF8,0x80,0x90,0x40};//共阳 dp~a
uchar code ledwei[]={0XEF,0XDF,0XBF,0X7F,0XFE,0XFD,0XFB,0XF7};
void delay(uint z)
{
    while(z--);
}
void   led(uchar duan,wei)
{
     P2=ledwei[wei];
     P0=ledcode[duan];

}
void timer0() interrupt 1
{
    TH0=0x3C;    //50ms 定时
    TL0=0xB0;
    cnt++;
    if(cnt==20)
    {
         cnt=0;
         miao++;
         if(miao==60)
         {
              miao=0;
```

```c
                fen++;
                if(fen==60)
                    {
                        fen=0;
                        shi++;
                        if(shi==24)
                            {
                                shi=0;
                            }
                    }
            }
        if(key1==0)        //调秒按键
            {
                delay(100);
            if(key1==0)
                {
                    miao++;
                    if(miao==60)
                        {
                            miao=0;
                        }
                    while(key1==0);
                }
            }
        if(key2==0)        //调分按键
            {
                delay(100);
            if(key2==0)
                {
                    fen++;
                    if(fen==60)
                        {
                            fen=0;
                        }
                    while(key2==0);
                }
            }
        if(key3==0)        //调时按键
            {
                delay(100);
            if(key3==0)
                {
                    shi++;
                    if(shi==24)
                        {
```

```c
                    shi=0;
                }
                while(key3==0);
            }
        }
        miao_ge=miao%10;
        miao_shi=miao/10;
        fen_ge=fen%10;
        fen_shi=fen/10;
        shi_ge=shi%10;
        shi_shi=shi/10;
    }
void main()
{
    TMOD=0x01;
    TH0=0x3C;     //50ms 定时
    TL0=0xB0;
    EA=1;
    ET0=1;
    TR0=1;
    while(1)
    {
/*      if(miao==0&&fen==1&&shi==0)
        {
            buzzer=0;
            delay(10000);
        }*/
        led(shi_shi,7);
        delay(250);
        led(shi_ge,6);
        delay(250);
        led(10,5);
        delay(250);
        led(fen_shi,4);
        delay(250);
        led(fen_ge,3);
        delay(250);
        led(10,2);
        delay(250);
        led(miao_shi,1);
        delay(250);
        led(miao_ge,0);
        delay(250);
    }
```

6. 能力拓展

定时闹钟的电子钟的设计与制作。

三、工作总结

电子钟设计与制作项目工作总结任务书

班级：　　　　学生姓名：　　　　同组者：

项　目	电子钟的设计与制作	任　务	电子钟项目工作总结
要求：掌握电子产品技术文件的编写过程			
整机性能测试	走时精度：		功能：
测试结果分析	走时精度：		功能：
设计技术文件 （标准规范、技术说明、调试说明、元器件清单、软件程序等）			
工艺技术文件 （电路图、软硬件装配图、PCB图等）			
项目设计报告 （设计内容、设计思路、电路原理、调试出现的问题、设计的特点和改进的设想等）			

项目三　测量仪表的设计与制作

一、项目描述

本项目以仪表为载体，通过数字电压表和信号发生器的设计与制作，学习 A/D、D/A 芯片的特性和使用方法，掌握 A/D、D/A 转换芯片与单片机接口电路的硬件连接。能根据实际情况编写出信号采集和处理的相关程序，学习单片机系统整体方案的设计、软硬件设计、整机装配和调试技术。

二、工作内容

本项目要求学生通过上网、去图书馆等方法收集有关测量仪表的相关资料，设计一个数字电压表和信号发生器，功能和性能分基本要求和个人发挥两部分，详细要求由小组讨论决定。具体内容如下：

（1）查资料，完成任务分析，提出性能指标和功能。
（2）设计硬件原理图，提出元器件清单。
（3）设计软件流程图。
（4）分组，分任务，进行电路连接和程序设计。
（5）系统调试，测试性能和功能。
（6）完成项目设计报告并汇报，对项目自评、小组评和教师评；完善产品。

三、学习目标

（1）掌握 ADC0809 芯片的特性和使用方法，学会 A/D 转换芯片与单片机接口电路的硬件连接。
（2）掌握 DAC0832 芯片的特性和使用方法，学会 D/A 转换芯片与单片机接口电路的硬件连接。
（3）掌握用查询方式、中断方式完成模/数转换程序的编写方法。
（4）掌握用 DAC0832 直通方式、单缓冲器方式、双缓冲器方式完成数/模转换程序的编写方法。
（5）初步掌握产品的设计、安装、调试过程。

四、工作评价

1. 学业评价形式

学业评价由个人、小组和教师分别打分，计入总分。注重平时和过程的考核，注重学习态度，注重自学能力的培养，注重实干和创新精神的培养。

2. 学业评价标准（见附表 3-1）

五、工作过程

根据要求，设计和制作的仪表为两部分，即设计制作一个数字电压表（能够较准确地测量 0～5V 之间的直流电压值；准确到两位小数；用数码管显示出来）和一个多种信号的信号发生器（能够输出正弦波、三角波、锯齿波及方波；输出信号可以通过按键来改变）。本项目分为两个任务，以独立分开方式完成设计和制作任务。

项目工作任务计划书见附表 3-2。

任务一 数字电压表的设计与制作

1. 数字电压表的设计与制作任务书
2. 根据设计总体思路用 Protel 绘制原理图和 Proteus 绘制仿真原理图
3. 根据原理图清点所需元器件，并列出清单（包括名称、代号、规格等）
4. 制作电路板

可以先自己制作 PCB 然后再焊接元器件或在万能板上焊接（在万能板上焊接时一定先要规划好各个元器件之间引脚连接的关系，千万不要搞混淆了）。制作时先将元器件按要求排列和插装，焊接时按焊接工艺要求将所有元器件焊接好，不要出现虚焊和漏焊。

注意：单片机不能直接焊接在电路板上，而应用一个具有 40 个引脚的 IC 插座来安装单片机。电路板实物如图 3-1-1 所示。

图 3-1-1 电路板实物图

5. 硬件电路测试

通电之前用万用表检查电源和地线之间是否有短路现象。给硬件系统加电，检查所有插座或器件的电源是否有符合要求的电压值，接地端电压是否为 0V。在不插上单片机时，模拟单片机输出低电平，检查相应的外部电路是否正常。

6. 程序编写

参考源程序如下：

/***/
//   电压表 C 程序
/***/
```c
#include <reg51.h>                  //51 头文件
#define uint unsigned int           //预定义
#define uchar unsigned char         //预定义
uchar code dispbitcode[]={0x3f,0x06,0x5b,0x4f,0x66,0x6d,0x7d,
                         0x07,0x7f,0x6f};  //数码管显示 0~9
uchar dispbuf[4];                   //定义 4 位显示缓冲区
uchar getdata;                      //定义 ADC 转换数据
uint volt;                          //定义变量
sbit  ST=P3^0;                      //A/D 转换启动信号输入端
sbit  OE=P3^1;                      //转换结束信号输出引脚。开始转换时为低电平,转换
                                    // 结束时为高电平
sbit  EOC=P3^2;                     //输出允许控制端,用于打开三态数据输出锁存器
sbit  CLK=P3^3;                     //时钟信号输入端
sbit  P34=P3^4;                     //通道选择地址信号输出端
sbit  P35=P3^5;                     //通道选择地址信号输出端
sbit  P36=P3^6;                     //通道选择地址信号输出端
sbit  P20=P2^0;                     //定义数码管个位选脚
sbit  P21=P2^1;                     //定义数码管第一位小数位选脚
sbit  P22=P2^2;                     //定义数码管第二位小数位选脚
sbit  P23=P2^3;                     //定义数码管第三位小数位选脚
sbit  P17=P1^7;                     //定义数码管小数点显示位
```
/***/
//函数名:TimeInitial()
//功能:中断程序
//调用函数:
//输入参数:
//输出参数:
//说明:开中断
/***/
```c
void TimeInitial()
{
    EA=1;                           //开总中断
    TMOD=0x10;                      //设定工作方式
    TH1=(65536-200)/256;            //设定初值
    TL1=(65536-200)%256;
    ET1=1;                          //开中断
    TR1=1;
}
```
/***/
//函数名:Delay(uint i)
//功能:延时程序
//调用函数:
//输入参数:i

```c
//输出参数:
//说明:程序的延时时间为 x 乘以 1ms
/**********************************************************/
void Delay(uint x)                    //延迟函数
{
    uint i;
    while(x--)
    {
        for(i=0;i<125;i++);           //该步运行时间约为 1ms
    }
}
/**********************************************************/
//函数名:ADC()
//功能:数模转换程序
//调用函数:
//输入参数:
//输出参数:
//说明:将转换好的测定值保存在变量 volt 中
/**********************************************************/
void ADC()
{
ST=0;
ST=1;
ST=0;                                 //A/D 转换启动
P34=0;                                //只有一条路通道,因此 P34,P35,P36 置为 0
P35=0;                                //只有一条路通道,因此 P34,P35,P36 置为 0
P36=0;                                //只有一条路通道,因此 P34,P35,P36 置为 0
while(EOC==0);                        //等待转换结束
OE=1;                                 //允许转换数据输出
getdata=P0;                           //读取转换数据
OE=0;                                 //关闭转换数据输出
volt=getdata*1.0/255*5000;            //将读出数据换成电压值（mV）
dispbuf[0]=volt%10;                   //第三位小数显示数据
dispbuf[1]=volt/10%10;                //第二位小数显示数据
dispbuf[2]=volt/100%10;               //第一位小数显示数据
dispbuf[3]=volt/1000;                 //个位显示数据
}
/**********************************************************/
//函数名:Display()
//功能:4 位数码管显示
//调用函数:
//输入参数:
//输出参数:
//说明:将处理后的电压值显示在 4 位数码管上
/**********************************************************/
void  Display()
```

```c
{
P1=0X00;                            //消隐
P1=dispbitcode[dispbuf[3]];         //显示个位及小数点
P17=1;
P20=0;
P21=1;
P22=1;
P23=1;
Delay(1);                           //显示延时
P1=0X00;                            //消隐
P1=dispbitcode[dispbuf[2]];         //显示第一位小数
P20=1;
P21=0;
P22=1;
P23=1;
Delay(1);                           //显示延时
P1=0X00;                            //消隐
P1=dispbitcode[dispbuf[1]];         //显示第二位小数
P20=1;
P21=1;
P22=0;
P23=1;
Delay(1);                           //显示延时
P1=0X00;                            //消隐
P1=dispbitcode[dispbuf[0]];         //显示第三位小数
P20=1;
P21=1;
P22=1;
P23=0;
Delay(1);                           //显示延时
}
/**********************************************************/
//主函数
/**********************************************************/
void main()
{
TimeInitial();                      //调用中断程序
while(1)
{
ADC();                              //调用 ADC 转换程序
Display();                          //调用显示程序
}
}
/**********************************************************/
//函数名:timer( )interrupt 3
//功能:定时中断 3 响应程序
```

```
//调用函数:

//输入参数:
//输出参数:
//说明:为 ADC 提供时钟信号和装初值
/************************************************/
void timer( )interrupt 3 using 0          //中断号 3,寄存器组 0
{
TH1=(65536-200)/256;                      //重装初值
TL1=(65536-200)%256;
CLK=!CLK;                                 //取反,输出时钟信号
}
```

7. 仿真调试
8. 软硬件联机调试
9. 任务延伸

1)任务延伸阅读

(1) TLC2543 芯片。TLC2543 芯片是 12 位串行 A/D 转换器,使用开关电容逐次逼近技术完成 A/D 转换过程。它带有串行外设接口(SPI,Serial Peripheral Interface),由于是串行输入结果,能够节省 51 系列单片机的 I/O 端口资源。TLC2543 的引脚排列如图 3-1-2 所示。

2TLC2543 的特点如下:

① 12 位分辨率 A/D 转换器。
② 在工作温度范围内 10μs 转换时间。
③ 11 个模拟输入通道。
④ 3 路内置自测试方式。
⑤ 采样率为 66kbps。
⑥ 线性误差±1LSBmax。
⑦ 有转换结束输出 EOC。
⑧ 具有单、双极性输出。
⑨ 可编程的 MSB 或 LSB 前导。
⑩ 可编程输出数据长度。

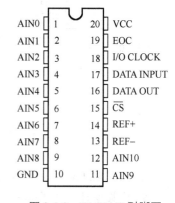

图 3-1-2 TLC2543 引脚图

(2) TLC2543 的引脚及功能如下。

AIN0~AIN10:模拟量输入端,11 路输入信号由内部多路器选通。
CS:片选端。在端由高变低时,内部计数器复位。
DATA INPUT:串行数据输入端。
DATA OUT:A/D 转换结果的三态输出端。
EOC:转换结束端。
I/O CLOCK:输入/输出的时钟端。
REF+/REF-:正负基准电压端。

2)任务延伸

① 根据任务一所学知识,试编写程序来实现测量两路电压信号并用数码管显示出来。
② 根据任务一所学知识,试编写程序来实现 ADC0809 的 IN1 的输入调制 PWM 的占空

比。PWM 从 P3.0 口输出。ADC0809 有 8 个模拟通道,根据要求使用 IN1 通道输入,其地址为 001,因此电路中可以将 ADDC、ADDB 分别接地,ADDA 接高电平 5 伏,如这三根通道选择地址接单片机 I/O 口,则编程时分别赋 0、0、1 即可,如图 3-1-3 所示。通过调节可变电阻 RV1 来调节脉冲宽度。

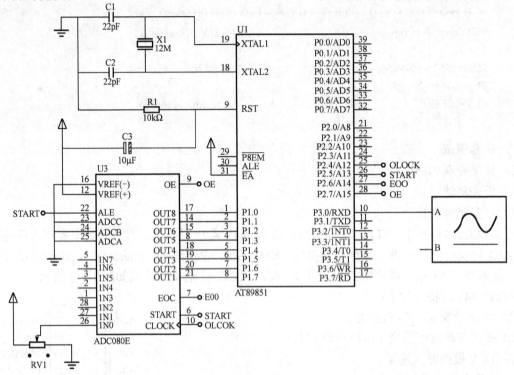

图 3-1-3　调制 PWM 占空比

任务二　信号发生器的设计与制作

1. 数字电压表的设计与制作任务书
2. 根据设计总体思路用 Protel 绘制原理图和用 Proteus 绘制仿真原理图
3. 根据原理图清点所需元器件,并列出清单(包括名称、代号、规格等)
4. 制作电路板

可以先自己制作 PCB,然后再焊接元器件或在万能板上焊接(在万能板上焊接时一定先要规划好各个元器件之间引脚连接的关系,千万不要搞混淆了)。制作时先将元器件按要求排列和插装,焊接时按焊接工艺要求将所有元器件焊接好,不要出现虚焊和漏焊,注意单片机不能直接焊接在电路板上,而应用一个 40 个引脚的 IC 插座来安装单片机。

5. 硬件电路测试

通电之前用万用表检查电源和地线之间是否有短路现象。给硬件系统加电,检查所有插座或器件的电源是否有符合要求的电压值,接地端电压是否为 0V。在不插上单片机时,模拟单片机输出低电平,检查相应的外部电路是否正常。

6. 程序编写

参考源程序如下:

/***/
//   函数信号发生器 C 程序
/***/
#include<reg51.h>   //51 头文件
#include<absacc.h>   //定义可以访问绝对地址
#define uchar unsigned char;   //预定义
xdata char DAC0832   _at_ 0x7fff;   //定义 DAC0832 地址
float code table2[]={
    0x80,0x83,0x85,0x88,0x8A,0x8D,0x8F,0x92,
    0x94,0x97,0x99,0x9B,0x9E,0xA0,0xA3,0xA5,
    0xA7,0xAA,0xAC,0xAE,0xB1,0xB3,0xB5,0xB7,
    0xB9,0xBB,0xBD,0xBF,0xC1,0xC3,0xC5,0xC7,
    0xC9,0xCB,0xCC,0xCE,0xD0,0xD1,0xD3,0xD4,
    0xD6,0xD7,0xD8,0xDA,0xDB,0xDC,0xDD,0xDE,
    0xDF,0xE0,0xE1,0xE2,0xE3,0xE3,0xE4,0xE4,
    0xE5,0xE5,0xE6,0xE6,0xE7,0xE7,0xE7,0xE7,
    0xE7,0xE7,0xE7,0xE7,0xE6,0xE6,0xE5,0xE5,
    0xE4,0xE4,0xE3,0xE3,0xE2,0xE1,0xE0,0xDF,
    0xDE,0xDD,0xDC,0xDB,0xDA,0xD8,0xD7,0xD6,
    0xD4,0xD3,0xD1,0xD0,0xCE,0xCC,0xCB,0xC9,
    0xC7,0xC5,0xC3,0xC1,0xBF,0xBD,0xBB,0xB9,
    0xB7,0xB5,0xB3,0xB1,0xAE,0xAC,0xAA,0xA7,
    0xA5,0xA3,0xA0,0x9E,0x9B,0x99,0x97,0x94,
    0x92,0x8F,0x8D,0x8A,0x88,0x85,0x83,0x80,
    0x7D,0x7B,0x78,0x76,0x73,0x71,0x6E,0x6C,
    0x69,0x67,0x65,0x62,0x60,0x5D,0x5B,0x59,
    0x56,0x54,0x52,0x4F,0x4D,0x4B,0x49,0x47,
    0x45,0x43,0x41,0x3F,0x3D,0x3B,0x39,0x37,
    0x35,0x34,0x32,0x30,0x2F,0x2D,0x2C,0x2A,
    0x29,0x28,0x26,0x25,0x24,0x23,0x22,0x21,
    0x20,0x1F,0x1E,0x1D,0x1D,0x1C,0x1C,0x1B,
    0x1B,0x1A,0x1A,0x1A,0x19,0x19,0x19,0x19,
    0x19,0x19,0x19,0x19,0x1A,0x1A,0x1A,0x1B,
    0x1B,0x1C,0x1C,0x1D,0x1D,0x1E,0x1F,0x20,
    0x21,0x22,0x23,0x24,0x25,0x26,0x28,0x29,
    0x2A,0x2C,0x2D,0x2F,0x30,0x32,0x34,0x35,
    0x37,0x39,0x3B,0x3D,0x3F,0x41,0x43,0x45,
    0x47,0x49,0x4B,0x4D,0x4F,0x52,0x54,0x56,
    0x59,0x5B,0x5D,0x60,0x62,0x65,0x67,0x69,
    0x6C,0x6E,0x71,0x73,0x76,0x78,0x7B,0x7D}; //正弦波形数据表
/***/
//函数名:Delay(uchar y)
//功能:延时程序
//调用函数:
//输入参数:y
//输出参数:

//说明:程序的延时时间为 y 乘以 1ms
/***/
void Delay(x)   //延迟函数
{
    unsigned char y;
    while(x--)
    {
        for(y=0;y<125;y++);   //该步运行时间约为 1ms
    }
}
/***/
//函数名:fang()
//功能:方波程序
//调用函数:
//输入参数:
//输出参数:
//说明:通过 DAC0832 输出高低电平来实现方波信号的输出
/***/
void fang()
{
        DAC0832=0;   //输出低电平
        Delay(10);   //延时
        DAC0832=0xff;   //输出高电平
        Delay(10);   //延时
}
/***/
//函数名:juchi()
//功能:锯齿波程序
//调用函数:
//输入参数:
//输出参数:
//说明:i 值从 0~255 变化,使得输出口逐渐由变化得到锯齿波型
/***/
void juchi()
{
    unsigned char i;
        for(i=0;i<255;i++)
            {
                DAC0832=i;   //将 i 值从 0~255 通过 P0 口输出到 DAC0832
                Delay(1);
            }
}
/***/
//函数名:sanjiao()
//功能:三角波程序
//调用函数:

```c
//输入参数:
//输出参数:
//说明:i 从 0~255 变化,然后再从 255~0 变化使得输出变化得到三角波
/***************************************************/
void sanjiao()
{
    unsigned char i;
    for(i=0;i<255;i++)
        {
            DAC0832=i;          //将 i 值从 0~255 通过 P0 口输出到 DAC0832
            Delay(1);
        }
    for(i=255;i>0;i--)
        {
            DAC0832=i;          //将 i 值从 255~0 通过 P0 口输出到 DAC0832
            Delay(1);
        }
}
/***************************************************/
//函数名:sin()
//功能:正弦波程序
//调用函数:
//输入参数:
//输出参数:
//说明:利用正弦波形信号数据表来得到正弦波
/***************************************************/
void sin()
{
    unsigned char i;
    for(i=0;i<256;i++)
        {
            DAC0832=table2[i];
            Delay(1);
        }
}
/***************************************************/
//主函数
/***************************************************/
void main(void)//主函数
{
    while(1)
        {
            if(P1= =0xfe)                //P1.0 按钮对应方波信号输出
                {
                    fang();
                }
```

```
            else if(P1= =0xfd)              //P1.1 按钮对应锯齿波信号输出
            {
                    juchi();
            }
            else if(P1= =0xfb)              //P1.2 按钮对应三角波信号输出
            {
                    sanjiao();
            }
            else if(P1= =0xf7)              //P1.3 按钮对应正弦波信号输出
            {
                    sin();
            }
            else
            {
                    DAC0832=0;
            }
        }
```

7. 仿真调试
8. 软硬件联机调试
9. 任务延伸

1）任务延伸阅读

（1）AD5320 芯片。

AD5320 是单片 12 位电压输出 D/A 转换器，单电源工作，电压范围为 2.7～5.5V。其芯片引脚如图 3-2-1 所示。

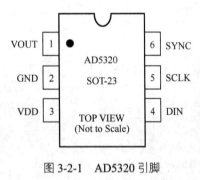

图 3-2-1　AD5320 引脚

该芯片片内高精度输出放大器提供满电源幅度输出，AD5320 利用一个 3 线串行接口，时钟频率可高达 30MHz，能与标准的 SPI、QSPI、MICROWIRE 和 DSP 接口标准兼容。AD5320 的基准来自电源输入端，因此提供了最宽的动态输出范围。该器件含有一个上电复位电路，保证 D/A 转换器的输出稳定在 0V，直到接收到一个有效的写输入信号。该器件具有省电功能以降低器件的电流损耗，5V 时典型值为 200nA。在省电模式下，提供软件可选输出负载。通过串行接口的控制，可以进入省电模式。正常工作时的低功耗性能，使该器件很适合手持式电池供电的设备。5V 时功耗为 0.7mW，省电模式下降为 1μW。

（2）光电隔离。

在由单片机组成的工业控制系统中，经常需要推动一些功率很大的交直流负载，其工作电压高，工作电流大，还常常会引入各种现场干扰。为保证单片机系统安全可靠运行，在设计功率接口时要仔细考虑驱动和隔离的方案。低压直流负载可以采用功率晶体管驱动，高压直流负载和交流负载常用继电器驱动。交流负载也可以用双向晶闸管或固体继电器驱动。常用的隔离可采用光电耦合器或继电器，隔离时一定要注意，单片机用一组电源，外围器件用另一组电源，两者间从电路上要完全隔离。

在开关量输入通道中,为了防止电磁干扰或工频电压串入单片机系统中,一般采用光电耦合器或继电器进行通道隔离。根据不同的输出类型,光电耦合器可分为三极管输出型、单向晶闸管输出型和双向晶闸管输出型等几种类型,其基本工作原理相似,即都是通过"电—光—电"这样的转换来实现"信息传递、电气隔离"目的的,光电耦合器内部电路结构如图 3-2-2 所示。

图 3-2-2(a)所示为三极管输出型光电耦合器内部电路结构图。其工作过程如下:当发光二极管中流过一定值的电流时,发光二极管发光,并照射到光敏三极管基区,使其饱和导通;当输入端没有电流流过时,发光二极管熄灭,光敏三极管截止。利用这一特性即可达到开关控制的目的。

光电耦合器的发光部分和受光部分之间没有电的联系,具有极高的绝缘电阻,能有效地防止输出端对输入端的干扰,并可承受 2000V 以上的高压。

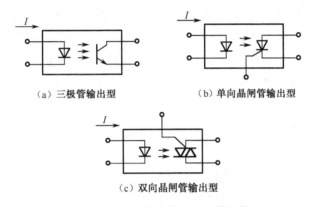

(a)三极管输出型　　(b)单向晶闸管输出型

(c)双向晶闸管输出型

图 3-2-2　光电耦合器内部电路结构

普通光电耦合器的传输速率在 10kHz 左右,高速光电耦合器的传输速率可超过 1MHz。实际应用中的光电耦合器输入侧发光二极管的驱动电流一般取 5~20mA,输出光敏三极管的耐压大于 30V。

为了防止外界强电磁干扰单片机应用系统的正常工作,在开关量的输出通道同样需要采取某些电气隔离措施。继电器、光耦合器等因具有性能可靠、使用方便等突出优点而被广泛采用。

(3)继电器输出接口。

继电器输出接口电路原理图如图 3-2-3 所示。通过三极管 VT1 驱动继电器动作,实现对被控对象的控制目的。当 VT1 导通时,继电器线圈得电,输出触点闭合;当 VT1 截止时,继电器线圈失电,输出触点断开。图 3-2-3 中 VD 是续流二极管,用来防止在 VT1 截止瞬间继电器线圈电流不能突变而产生高电压击穿 VT1 管。

继电器线圈额定电压若为 5V、6V,可按图 3-2-3(a)连接;若大于 6V,应按图 3-2-3(b)连接;若额定电压为 AC 220V,则应用光耦合器隔离。

继电器输出接口通过电磁操纵来实现与外界的电气隔离。它既可用作 220V 以下交流负载的控制,也可用来控制 24V 的直流负载。输出触点电流可达 1~4A,是一种比较经济可靠的输出接口形式。

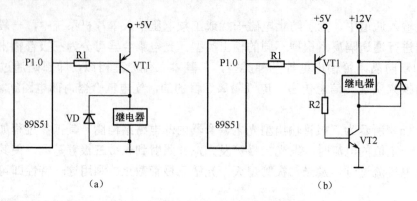

图 3-2-3 继电器输出接口电路原理图

(4) 晶体管输出接口。

晶体管输出接口电路原理图如图 3-2-4 所示。这里采用了三极管输出型光电耦合器以实现与外界的电气隔离。通过三极管 VT1（或单片机的输出端）驱动光电耦合器的发光二极管，当 VT1 导通时，光耦合器输出三极管 VT2 导通，被控负载接通；当 VT1 截止时，VT2 截止，被控负载断电。发光二极管 VD1 作输出状态指示。稳压二极管 VD2 起续流作用，可防止在 VT2 截止瞬间外部感性负载感应高电压击穿光耦合器中的三极管和 VT2。当被控负载电流较小时，也可省去 VT2 管，而采用光电耦合器直接输出的形式。

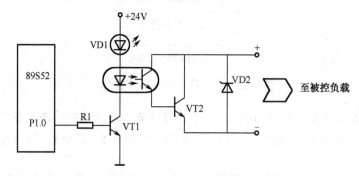

图 3-2-4 晶体管输出接口电路原理图

使用注意事项：晶体管输出接口只能用作直流负载控制，使用时必须注意正负极性不能接反，输出电流在几百毫安范围内。当需要多路晶体管驱动输出时，可选用集成晶体管阵列，以简化电路，降低成本。

(5) 双向晶闸管输出接口。

晶闸管常用于单片机控制系统中交流强电回路的执行元件。一般来说，均须用光耦合器隔离驱动。图 3-2-5 所示为 AT89S52 驱动双向晶闸管接口电路。图 3-2-5 中的 MOC3041 是一种新型元件，它能在正弦交流过零时自动导通，触发大功率双向晶闸管导通，从而简化了电路，降低了成本，提高了电路的可靠性。图中 R3 是 MOC3041 触发限流电阻；R4 为 BCR 门极电阻，以防止误触发，提高抗干扰能力。

双向晶闸管输出接口只能用作交流负载控制，但它是用单片机控制工频交流负载最方便的一种输出接口形式。输出电流由双向晶闸管 TR1 决定。这种形式的输出接口特点是无机械磨损，通常称为无触点开关，专用于交流频繁通、断的场合。

值得注意的是，使用双向晶闸管控制交流电路时，双向晶闸管的漏电电流较大。

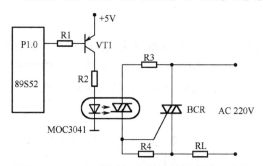

图 3-2-5 89S51 驱动双向晶闸管输出接口电路

（6）单片机功率接口应用示例。

试用 89S52 单片机控制双向晶闸管的通断。

分析：双向晶闸管一般都用在电压较高的电路中，其触发电路须采用隔离措施，目前有脉冲变压器驱动方式、光电耦合驱动方式和专用集成电路芯片触发方式，以专用集成电路芯片触发方式构成的控制电路最为常用。

用单片机控制工频交流电，最方便的是采用双向晶闸管。为了避免晶闸管导通瞬间产生的冲击电流带来的干扰和对电源的影响，可以采用过零触发方式。图 3-2-6 所示是利用过零触发带光电隔离的双向晶闸管 MOC3021，触发大容量双向晶闸管的实用电路。

MOC3021 是输出为双向晶闸管的光电耦合器，其内部带有过零检测电路，输入端发光二极管发光后，只有主回路正弦电压过零时双向晶闸管才导通。MOC3021 输出端额定电压为500V，最大重复浪涌电流为1A，最大电压上升率大于1000V/ms，输入/输出隔离电压大于7500V，输入控制电流为 15mA。

当 P1.1 端输出低电平时，7407 输出低电压，MOC3021 的输入端有电流输入，输出端的双向晶闸管导通，触发外部的双向晶闸管 BCR 导通；反之，当 P1.1 端输出高电平时，MOC3021 输出端的双向晶闸管关断，外部的双向晶闸管也关断。

在实际应用中，太大的电压上升率对于外部的双向晶闸管也是不允许的。所以在控制功率较大的使用场合，特别是感性负载时，晶闸管 BCR 需要加阻容保护电路，如图 3-2-6（b）所示。C1 可取 0.05～0.15μF，R1 可在 470Ω～1kΩ 之间选取。

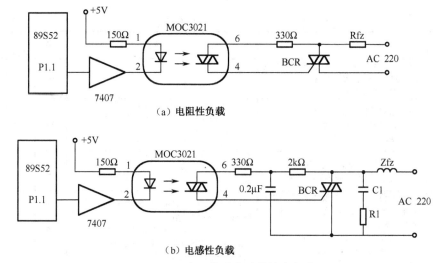

(a) 电阻性负载

(b) 电感性负载

图 3-2-6 专用集成芯片的触发电路

2）任务延伸

根据任务二所学知识，试编写程序来实现利用 DAC0808 对直流电动机的调速控制，具体要求是用 8 个按键来实现电动机以不同的速度转动，其中一个键按下时电动机将停止。参考电路如图 3-2-7 所示，主要通过不同挡位的电压值来体现转速的高低不同，电压高则转速快。

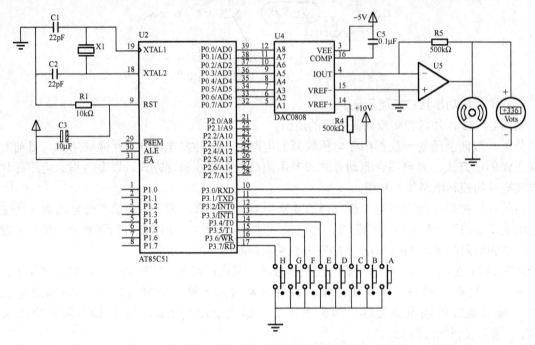

图 3-2-7　直流电动机的调速控制

六、工作总结

测量仪表设计与制作项目工作总结任务书见附表 3-5。

附表 3-1　学业评价标准

班级：　　　　　　　学生姓名：　　　　　　　同组者：

评价项目	要求	评分标准	配分	个人评价	小组评价	教师评价
一、工作准备	1. 收集数字电压表与信号发生器的相关资料，认识 A/D，D/A 芯片元件； 2. 有项目实施初步方案	1. 资料不全扣 4 分； 2. 无初步方案扣 6 分	10			
二、电路设计	1. 电路设计合理、正确； 2. 元件安放合理、美观； 3. 走线、连接规范	1. 电路设计不合理扣 10 分； 2. 元件位置不正确、插接方式不符合设计要求扣 5 分； 3. 导线连接走线不规范扣 10 分	25			
三、程序设计	1. 流程图设计规范、正确； 2. 能根据流程图正确写出程序	1. 流程图设计不正确扣 10 分； 2. 不能根据流程图正确编写程序 15 分	25			
四、软硬件联调	1. 能使用 Keil C 软件调试、编译程序，产生 HEX 文件；能使用 Proteus 软件仿真； 2. 会使用编程器等工具烧录程序； 3. 对调试过程中出现的问题能及时解决，调试结果正确	1. 不会使用 Keil C 软件编译程序、Proteus 软件仿真扣 10 分； 2. 不会使用编程器等烧录程序扣 5 分； 3. 对调试过程中出现的问题不能及时解决，调试结果不正确扣 10 分	25			

续表

评价项目	要求	评分标准	配分	个人评价	小组评价	教师评价
五、工作态度	1. 着装整齐、操作工位整洁,操作过程按照工艺要求有序工作,符合安全规范。不浪费原材料 2. 操作过程无事故,无工具设备损坏	1. 不符合技术要求扣 1 分/项; 2. 不符合安全用电扣 10 分; 3. 工艺要求不合理、操作工程不安全扣 2 分/项	10			
六、工作总结	完成项目设计报告	未按时完成项目设计报告、总结扣 5 分	5			
合计总分						

附表 3-2　测量仪表的设计与制作项目工作任务计划书

班级:　　　　　　学生姓名:　　　　　　同组者:

项目	测量仪表的设计与制作	任务	工作任务计划书
要求:制订设计与制作项目的工作计划和要求,按照项目设计、生产规范			
资料检索 (制订要查找的资料)			
工作计划 (完成任务的时间安排)			
产品功能 (描述产品的功能、面向群体、指标等)			
设计要求 (根据功能要求,提出设计指标、功能等)			
制作工艺 (制作要求、安装要求等)			
成本要求 (通过元件选型、方案比较等制订性价比高的方案)			
产品检测 (对性能、指标测试)			
方案完善 (提出对产品的完善建议)			
备　注			

附表 3-3　数字电压表的设计与制作任务书

班级:　　　　　　学生姓名:　　　　　　同组者:

项目	测量仪表的设计与制作	任务	数字电压表的设计与制作
要求:设计和制作一个数字电压表以较准确地测量 0~5V 之间的直流电压值并准确到两位小数,用数码管显示出来			
资料检索 (ADC809 资料;四位一体数码管的引脚图及位选和段选)			
知识学习 (学习要点总结归纳)			
元件选择 (单个数码管与四位一体数码管;锁存和译码元件;ADC0809 与 ADC0804 性价比考虑)			

续表

项目	测量仪表的设计与制作	任务	数字电压表的设计与制作
元件检测 （ADC0809 元件检测；四位一体数码管的引脚图确认）			
方案设计 （数字电压表的工作原理图、程序、仿真、修改、完善）			
安装调试 （安装、调试、检测）			
方案完善 （提出对产品的完善建议）			
应用推广 （A/D 转换器的其他应用）			
学习思考 （学习方法、经验等）			

附表 3-4　信号发生器的设计与制作任务书

班级：　　　　　学生姓名：　　　　　同组者：

项目	测量仪表的设计与制作	任务	信号发生器的设计与制作
要求：能够输出正弦波、三角波、锯齿波及方波，并且可以通过按键来改变波形			
资料检索 （DAC0832 资料；uA741，LM358 放大芯片资料；74LS373 锁存器芯片）			
知识学习 （学习要点总结归纳）			
元件选择 （uA741，LM358 放大芯片；74LS373 锁存器；DAC0832 与 DAC0808 性价比考虑）			
元件检测 （DAC0832 元件检测；Ua741，74LS373 的引脚图确认）			
方案设计 （信号发生器的工作原理图、程序、仿真、修改、完善）			
安装调试 （安装、调试、检测）			
方案完善 （提出对产品的完善建议）			
应用推广 （D/A 转换器的其他应用）			
学习思考 （学习方法、经验等）			

附表 3-5　测量仪表设计与制作项目工作总结任务书

班级：　　　　　　学生姓名：　　　　　　同组者：

项目	测量仪表的设计与制作	任务	测量仪表设计与制作项目工作总结
要求：掌握电子产品技术文件的编写过程			
整机性能测试	测量精度：		功能：
测试结果分析	测量精度：		功能：
设计技术文件 （标准规范、技术说明、调试说明、元器件清单、软件程序等）			
工艺技术文件 （电路图、软硬件装配图、PCB图等）			
项目设计报告 （设计内容、设计思路、电路原理、调试出现的问题、设计的特点和改进的设想等）			

项目四　通信口应用与控制的设计与制作

一、项目描述

通过本项目的学习与实践,希望能深入了解单片机与单片机、单片机与上位机之间进行信息通信的基本过程与通信协议,掌握利用单片机通信口和一般通信器件来设计控制系统的专业技能。

本项目将通过单片机双向通信控制系统设计与无线抄表系统的控制设计两个任务的学习与实训,从而掌握单片机串行口的设计应用与通信协议程序的设计方法。

二、工作内容

本项目要求学生通过小组合作学习的形式预先查找相关通信知识、通信接口电路、无线数据通信模块等相关资料,可以通过上网、去图书馆查阅等方法收集。

具体内容如下:

(1) 项目调研。即进行相关资料的采集与整理,完成项目任务的需求分析。

(2) 原理设计。根据采集资料的产品说明书或模块电路,组合成能满足项目要求的原理图并绘制接口框图,列出元器件与模块清单。

(3) 设计程序流程图。

(4) 程序设计与仿真。通过 Proteus 软件虚拟仿真,有条件的可以用相关实验板、实验箱或实训台进行硬件仿真。

(5) 电路板焊接与制作。

(6) 系统调试,测试性能和功能。

(7) 完成项目设计报告并汇报,对项目自评、小组评和教师评;完善产品。

三、学习目标

(1) 掌握单片机串行口通信的基础知识及相关的特殊功能寄存器的位定义与设置。

(2) 能读懂典型的串口通信数据传送程序,在此基础上能修改程序从而能满足不同的数据传输控制要求。

(3) 掌握无线通信模块的基本工作原理并会嵌入到单片机串口通信中。

(4) 学会串口调试助手及 KY-610 无线通信助手工具软件。

(5) 掌握 Proteus 仿真中的虚拟终端的参数设置及使用。

(6) 能设计简单的单片机串行口通信的接口电路并会制作。

四、工作评价

1. 学业评价形式

学业评价由个人、小组和教师分别打分,计入总分。注重平时和过程的考核,注重学习态

项目四 通信口应用与控制的设计与制作

度,注重自学能力的培养,注重实干和团队合作精神的培养。

2. 学业评价标准

评价标准

班级:　　　　学生姓名:　　　　同组者:

评价项目	要求	评分标准	配分	个人评价	小组评价	教师评价
一、工作准备	1. 收集串行通信的相关资料,认识 KY-610 及 F2X03 系列等无线通信模块,掌握单片机串行口通信及相关 SFR 位定义等知识; 2. 有项目实施初步方案	1. 资料不全扣 4 分; 2. 无初步方案扣 6 分	10			
二、电路组合	1. 电路设计合理、正确; 2. 元件安放合理、美观; 3. 走线、连接规范	1. 电路设计不合理扣 10 分; 2. 元件位置不正确、插接方式不符合设计要求扣 5 分; 3. 导线连接走线不规范扣 10 分	25			
三、程序设计	1. 流程图设计规范、正确; 2. 能根据流程图正确写出程序	1. 流程图设计不正确扣 10 分; 2. 不能根据流程图正确编写程序扣 15 分	25			
四、软硬件联调	1. 能使用 Keil C 软件调试、编译程序,产生 HEX 文件;能使用 Proteus 软件仿真; 2. 会使用编程器等工具烧录程序; 3. 对调试过程中出现的问题能及时解决,调试结果正确	1. 不会使用 Keil C 软件编译程序、Proteus 软件仿真扣 10 分; 2. 不会使用编程器等烧录程序扣 5 分; 3. 对调试过程中出现的问题不能及时解决,调试结果不正确扣 10 分	25			
五、工作态度	1. 着装整齐、操作工位整洁,操作过程按照工艺要求有序工作,符合安全规范。不浪费原材料; 2. 操作过程无事故,无工具设备损坏	1. 不符合技术要求扣 1 分/项; 2. 不符合安全用电扣 10 分; 3. 工艺要求不合理、操作工程不安全扣 2 分/项	10			
六、工作总结	完成项目设计报告	未按时完成项目设计报告、总结扣 5 分	5			
合计总分						

五、工作过程

本次任务的目标就是利用 51 单片机的串行口,设计一个两片 AT89S52 之间能实现双向通信的控制系统。其中一片称为 A 机,另一片称为 B 机。A 机通过一只按钮可以向 B 机发送字符控制信息,每按一次则 B 机接收到该控制字符后,让 B 机上的 8 只发光二极管按一定的规律点亮;

B 机同样也通过一只按钮可以向 A 机发送字符控制信息,每按一次则 B 机接收到该控制字符后,让 A 机上的数码管轮流显示 0~9 的数字,从而实现双向通信。当然,读者可以自己选择不同的控制对象实现不同的功能。

当程序在 Keil C 中编译通过并生成 HEX 文件后,要求在 Proteus 中完成仿真。样机制作可以根据条件采用万能板焊接或在做好的 PCB 上焊接,也可以利用现成的单片机实训装置来实现。

除了组成控制必须的最小化系统,A 机的硬件接口方案如下:单位共阳数码管的段码位通过限流电阻后,分别接 P0 口的 P1.0~P1.6。如果用;按钮接 P3.7。B 机的硬件接口方案如下:8 只发光二极管负极分别接 P1 口的 P1.0~P1.7;按钮接 P3.7。A 机的 P3.0 即串行口接收端(RXD)与 P3.1 即串行口发送端(TXD)分别接 B 机的 P3.1(TXD)与 P3.0(RXD),如图 4-1-1 所示。

仿真完成后,制作硬件电路并烧录程序,调试达到任务要求。

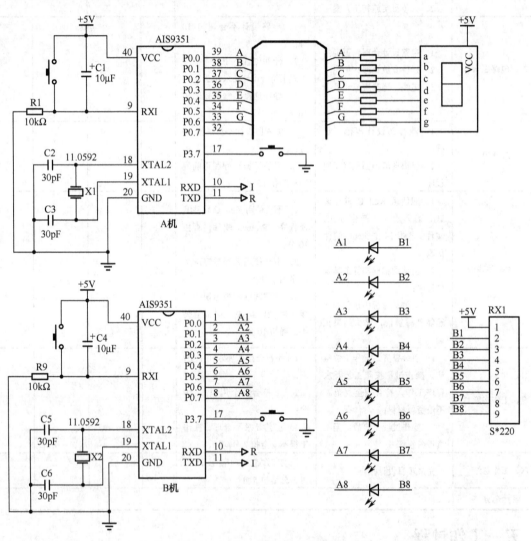

图 4-1-1 两片单片机通信原理图

项目四　通信口应用与控制的设计与制作

工作任务计划书

班级：	学生姓名：	同组者：		
项目	通信口应用与控制的设计与制作		任务	工作任务计划书
要求：制订设计与制作项目的工作计划和要求，按照项目设计、生产规范				
资料检索 （制订要查找的资料）				
工作计划 （完成任务的时间安排）				
产品功能 （描述产品的功能、面向群体、指标等）				
设计要求 （根据功能要求，提出设计指标、功能等）				
制作工艺 （制作要求、安装要求等）				
成本要求 （通过元件选型、方案比较等制订性价比高的方案）				
产品检测 （对性能、指标测试）				
方案完善 （提出对产品的完善建议）				
备　注				

任务一　单片机双向通信控制系统的设计与制作

单片机双向通信控制系统的设计与制作任务书

班级：	学生姓名：	同组者：		
项目	通信口应用与控制的设计与制作		任务	单片机双向通信控制系统的设计与制作
要求：掌握单片机之间数据通信的方法与程序设计、仿真，产品制作				
资料检索 （串行通信；单片机串口定义及相关的SFR位定义；串口调试助手）				
知识学习 （学习要点总结归纳）				
元件选择 （外围元件主要是LED、单位共阳数码管、排线与排座、微型按钮、独石与电解电容、3mm电源座等）				

续表

项目	通信口应用与控制的设计与制作	任务	单片机双向通信控制系统的设计与制作
要求：掌握单片机之间数据通信的方法与程序设计、仿真，产品制作			
元件检测 （数码管的段码位区分； 其他元件的好坏）			
方案设计 （原理图与接线框图，程序、 仿真、修改、完善）			
安装调试 （安装、调试、检测）			
方案完善 （提出对产品的完善建议）			
应用推广 （应用在其他生产线或设备上）			
学习思考 （学习方法、经验等）			

一、任务准备

1. 元器件清单

序 号	名 称	规格或型号	数量（个）
1	单片机芯片	AT89S52	2
2	晶体振荡器	11.0592MHz	2
3	独石电容	30pF	4
4	微型按钮	SW-0606	6
5	电解电容	10μF/16V	2
6	LED数码管	SM4105（共阳）	1
7	排针与排线	HDR-2	2套
8	万用印制板	150*50	2
9	发光二极管	Φ5	8
10	排阻	221G-8	2
11	电阻	10kΩ	2
12	集成座	DIP-40	2

2. 主要元器件检测

本次任务所用元件在前几个项目中均已学习过，故具体检测请参考相关章节。根据元器件列表应首先选取构成最小化系统的元件先检测安装，然后安装其他元件。

二、任务实施

1. 根据原理图编写程序并在 Keil C 中编译

程序如下:

```c
//----------------------A机程序----------------------
//说明:A机通过TXD向B机发送命令,控制B机LED,A机也可以接收B机发送的命令,
//       接收下来后让数码管显示
//----------------------------------------------------
#include<reg51.h>
#define uchar unsigned char
#define uint unsigned int
#define SMG    P0              //数码管段码位接P0口
sbit K1=P3^7;                  //按钮接至P3.7口
uchar Anjian_num=0;            //按键操作计数码

//共阳数码管段码
uchar code DM[]={0xc0,0xf9,0xa4,0xb0,0x99,0x92,0x82,0xf8,0x80,0x90};

//------------------------延时子程序------------------------
void YS(uint ms)
{
uchar i;
while(ms--) for(i=0;i<120;i++);
}
//---------------向串口发送字符子程序------------------------
void Send_char(uchar c)
{
SBUF=c;
while(TI==0);
TI=0;
}

//----------------------主程序----------------------

void main()
{
P1=0xff;
P0=0xff;
SCON=0x50;                    //串口模式1,允许接收
TMOD=0x20;                    //T1工作在方式2
PCON=0x00;                    //波特率不倍增
TH1=0xfd;                     //波特率9600的T1初值
TL1=0xfd;
TI=RI=0;
```

```c
    TR1=1;                              //打开 T1
    EA=1;                               //总中断允许
    ES=1;                               //串行口中断允许
    while(1)
    {
    YS(100);
    if(K1==0)                           // 当 K1 按下时
    {
    YS(10);                             //消抖动
    if(K1==0)
       {
    Anjian_num=(Anjian_num+1)%10;       //按键计数值加 1,但到 10 时恢复为 0
     while(K1==0);
       }
    switch(Anjian_num)                  //根据操作代码发送'A—I'或停止发送
    {
    case 0: Send_char('X');
    break;
    case 1: Send_char('A');
    break;
    case 2: Send_char('B');
    break;
    case 3: Send_char('C');
    break;
    case 4: Send_char('D');
    break;
    case 5: Send_char('E');
    break;
    case 6: Send_char('F');
    break;
    case 7: Send_char('G');
    break;
    case 8: Send_char('H');
    break;
    case 9: Send_char('I');
    break;

    }
    }
    }
    }
    //甲机串口接收中断函数
    void receive() interrupt 4
    {
    if(RI)                              //允许接收位有效
    {
```

```c
    RI=0;                              //接收允许位先复位
    //如接收的数字在 0~9 之间,则显示在数码管上
    if(SBUF>=0&&SBUF<=9) P0=DM[SBUF];
    else P0=0xff;                      //否则全灭
    }
}


//------------------------B 机程序------------------------
//说明:B 机接收到 A 机发送的信号后,根据相应信号控制 LED 完成不同亮灭动作
//     B 机发送数字字符,A 机收到后把'0~9'数字在数码管上显示出来
//--------------------------------------------------------
#include<reg51.h>
#define uchar unsigned char
#define uint unsigned int
#define LED   P1                       //8 只 LED 接 P1 口
sbit K2=P3^7;
uchar Number=-1;                       //发送的数字置初值-1,加 1 后即变 0


//------------------------延时子程序------------------------
void YS(uint ms)
{
uchar i;
while(ms--) for(i=0;i<120;i++);
}


//------------------------主程序------------------------
void main()
{
P1=0xff;
SCON=0x50;                             //串口模式 1,允许接收
TMOD=0x20;                             //T1 工作于方式 2
TH1=0xfd;                              //波特率 9600 的 T1 初值
TL1=0xfd;
PCON=0x00;                             //波特率不倍增
RI=TI=0;
TR1=1;                                 //打开 T1
IE=0x90;                               //总中断打开、允许串行口中断
while(1)
{
YS(100);
if(K2==0)                              //当 K1 按下时
{
while(K2==0);                          //等待释放
Number=++Number%11;                    //产生 0~10 范围内的数字,其中 10 表示关闭
SBUF=Number;
while(TI==0);
```

```
            TI=0;
        }
    }
}
void receive() interrupt 4
{
    if(RI)                              //如收到字符
    {
    RI=0;
    switch(SBUF)                        //收到不同的字符 LED 组合显示
    {
    case 'X': LED=0xff; break;          //收到 X,LED 全灭
    case 'A': LED=0x55; break;          //双位亮
    case 'B': LED=0xaa; break;          //单位亮
    case 'C': LED=0xf0; break;          //低 4 位亮
    case 'D': LED=0x0f; break;          //高 4 位亮
    case 'E': LED=0xcc; break;
    case 'F': LED=0x33; break;
    case 'G': LED=0x66; break;
    case 'H': LED=0x99; break;
    case 'I': LED=0x00; break;          //全亮
    }
  }
}
```

2. 硬件实作

本任务由于所需元器件不多，故可以在两块万能 PCB 上分别制作 A 机与 B 机，5V 电源统一供给，串口之间可以用双排线连接，如图 4-1-2 所示。焊接之前应该先规划好元器件安装位置，尽量避免跳线与飞线，最好先在纸上设计好走线后再进行元件安装、排线、焊接制作，走线应该横平竖直，符合平板样机典型工艺要求。排线与焊接如图 4-1-3 所示。

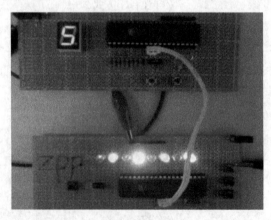

图 4-1-2　学生做好的平板样机

有条件的可以用 Protel 软件设计 PCB，然后制版。这样，安装工作将更简单些。

图4-1-3　学生设计的走线与焊接

三、任务拓展

（1）前面任务完成后，硬件不作修改，试着修改一下 A 机与 B 机的程序，要求实现：当 A 机按键按下，发送一个字符给 B 机后，B 机对应的 LED 按不同规律发光的同时，反馈给 A 机一个字符，这个字符与 B 机上的 8 只 LED 亮灭的二进制对应（亮为 0、灭为 1），A 机收到这个字符后作为段码让数码管显示。

（2）同样硬件不作修改，试着修改一下 A 机与 B 机的程序，要求实现：当 B 机按键按下，发送一个字符给 A 机后，A 机收到这个字符让数码管显示对应的数字的同时，将这个字符对应的段码反馈给 B 机，让 B 机的 8 只 LED 显示这个段码对应的二进制（亮为 0，灭为 1）。

（3）思考与练习。

① 并行通信与串行通信的区别与各自的特点是什么？

② 说出同步通信与异步通信的各自特点。

③ 什么是波特率？在什么方式下需要设置串口波特率，如何设定？

④ 51 单片机串行口需设置哪些特殊功能寄存器（SFR）？这些 SFR 的各个控制位的含义是什么？

⑤ 为什么 51 单片机串行口通信要用 11.0592MHz 的晶振？

⑥ 在串行口发送与接收中都有等待过程，这在程序中是如何表达的？如何判断发送或接收结束的？

任务二　无线抄表系统的设计与制作

无线抄表系统设计与制作任务书

班级：		学生姓名：		同组者：		
项目	通信口应用与控制的设计与制作			任务	无线抄表系统的设计与制作	
要求：掌握单片机与上位机之间数据无线通信的方法与程序设计、仿真，产品制作						
资料检索 （KY-610 无线通信模块；KY-610 无线通信调试软件；DB-9 接口与 MAX232 集成块）						

续表

项目	通信口应用与控制的设计与制作	任务	无线抄表系统的设计与制作
要求：掌握单片机与上位机之间数据无线通信的方法与程序设计、仿真，产品制作			
知识学习 （学习要点总结归纳）			
元件选择 （外围元件主要是 KY-610 无线通信模块、4 位共阳数码管、排线与排座、微型按钮、独石与电解电容、3mm 电源座等）			
元件检测 （数码管的段码位与选通位区分；其他元件或模块的好坏）			
方案设计 （原理图与接线框图，程序、仿真、修改、完善）			
安装调试 （安装、调试、检测）			
方案完善 （提出对产品的完善建议）			
应用推广 （应用在其他生产线或设备上）			
学习思考 （学习方法、经验等）			

一、任务准备

1. 元器件清单

序 号	名 称	规格或型号	数 量
1	单片机芯片	AT89S52	1
2	晶体振荡器	11.0592 MHz	1
3	独石电容	30pF	2
4	微型按钮	SW-0606	1
5	电解电容	10μF/16V	1
6	4 位 LED 数码管	共阳	1
7	排针与排线	HDR-8	2 套
8	万用印制板	150*100	2
9	A/D 转换集成块	ADC0809	1
10	分频电路块	14024	1
11	排阻	511G-8	1
12	电阻	10kΩ	1
13	集成座	DIP-40	1
14	集成座	DIP-28	1

项目四 通信口应用与控制的设计与制作

续表

序　号	名　称	规格或型号	数　量
15	集成座	DIP-14	1
16	无线传输模块	KYL-610（TTL）	1
17	无线传输模块	KYL-610（RS232）	1
18	电位器	10kΩ	1

2. 模块连接方法

（1）电源。KYL-610 无线电数传模块使用直流电源，工作电压为 3.1～5.5V。注意：模块发射可能会影响开关电源的稳定性。因此尽量避免使用开关电源，或者尽量拉开模块天线和电源的距离。为达到最好的通信效果，请尽量使用纹波系数较小的电源，电源的最大电流应该大于模块最大电流的 1.5 倍。

（2）模块与串行口的连接。模块通过接线端子的 3、4PIN 和终端进行异步数据通信，接口电平为 RS-232 或 TTL 之一（出厂时指定），通信速率为 1200～115200bps，数据格式为 8N1/8E1/8O1 软件可设置。通信时请确保双方接口电平、速率及数据格式一致。接线端子的定义及连接如图 4-2-1 所示。

（3）模块上的指示灯。每个模块上都各装有一只红色与绿色的贴片发光二极管。发射数据时红灯常亮，数据结束后红灯熄灭；收到数据时绿灯常亮，接收完成后绿灯熄灭。

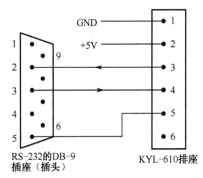

图 4-2-1　KYL-610 模块与 RS-232 接线图

二、任务实施

1. 根据原理图编写程序并在 Keil C 中编译

程序如下：

```
//--------------------模拟远程抄表程序--------------------//
//-------P1 口:A/D 数据接收;P0 口:显示段码;P2 口:数码管扫描------//

#include<at89x51.h>
#include<intrins.h>
#define uchar unsigned char
#define uint  unsigned int
#define adc_eoc P3_5        //P3.5 接 ADC0809 的 EOC
#define adc_ale  P3_6       //P3.6 接 ADC0809 的 ALE,ALE 与 START 相连
#define adc_oe   P3_7       //P3.7 接 ADC0809 的 OE 端

// 4 位共阳数码管的段码
uchar code dm[]={0xc0,0xf9,0xa4,0xb0,0x99,0x92,0x82,0xf8,0x80,0x90};

//扫描选通码
uchar code sm[]={0xfe,0xfd,0xfb,0xf7};
```

```c
//收到的模拟用电量按位分离后从低位到高位临时存放的缓冲区
uchar sz[]={0,0,0,0};

uchar  adc_data;                    //接收到的模拟用电量存放在此变量中

//------------------------延时子程序------------------------
void ys(uint x)
{
    uchar i;
    while(x--)
    for(i=0;i<120;i++);
}


//------------------------收到的信息按位分离------------------------
 void bh(uchar m)
{ sz[3]=m/1000;                    //取出千位数
  sz[2]=(m/100)%10;                //取出百位数
  sz[1]=(m%100)/10;                //取出十位数
  sz[0]=m%10;                      //取出个位数
 }


//------------------------显示子程序------------------------
  void disp(uchar s)
{ P2=sm[s];                        //扫描码送 P2 口
  P0=dm[sz[s]];                    //取出段码送 P0 口显示
  ys(1);                           //扫描延时 1ms
}


//------------------------A/D 转换子程序------------------------
  uchar addc()
{ uchar k;
    adc_ale=0;                     //发开始转换命令,ALE 与 START 一个上跳沿
    adc_ale=1;
    adc_ale=0;
    while(!adc_eoc);               //等待 A/D 转换完成
    adc_oe=1;                      //允许输出转换值
    k=P1;                          //转换值送 K 保存
    adc_oe=0;                      //恢复 OE
    return k;                      //返回转换值
}

//----------------置一个调用显示次数的子程序作延时用--------------------
  adxs( uchar cs)
{
    uchar i;
    while(cs--)                    //传递的次数
```

```c
        {
            for(i=0;i<4;i++)                //调用 4 次显示子程序
              disp(i);

        }
    }


//-----------------------向串口发送字符子程序------------------------
    void send_charport(uchar c)
    {
      SBUF=c;                               //要发送的字符送串口缓冲区
      while(TI= =0);                        //等待发送完成
      TI=0;                                 //发送完成后恢复 TI 以备下次发送
    }


//-----------------------向串口发送字符串子程序------------------------
    void send_stringport(uchar *s)
    {
      while(*s!='\0')                       //不断发送,直至遇到字符串的结束符为止
       {
        send_charport(*s);                  //将字符串对应的字符按顺序发送出去
          s++;                              //按顺序找到下一个字符
        adxs(2);                            //调用显示做延时
       }
    }


//--------------------------初始化子程序----------------------------
    void init( )
    {
      P0=P1=P2=P3=0xff;                     //三个口初始化
      SCON=0x40;                            //串口工作在方式 1 (010010000)
      TMOD=0x20;                            //T1 工作在模式 2,8 位自动装载初值
      PCON=0x00;                            //波特率不加倍
      TL1=0xfd;
      TH1=0xfd;                             //波特率 9600
      TI=0;                                 //发送中断标志清 0
      TR1=1;                                //启动 T1
    adxs(40);                               //调用显示做延时

//发送字符串"正在接收用电量(kW·h)并换行"
    send_stringport("Receiving kilowatt-hour meter\r\n");
    adxs(10);                               //调用显示做延时


    }
//---------------------------主程序-------------------------------
    void main( )
```

```
    {
      init( );                              //初始化操作
      while(1)
        {
        adc_data=addc();                    //保存 A/D 转换后传递过来的值
        bh(adc_data);                       //将采集到的值按位分离
        send_charport(sz[3]+'0');           //将分离的值按位通过串口发送出去
        adxs(20);
        send_charport(sz[2]+'0');
        adxs(20);
        send_charport(sz[1]+'0');
        adxs(20);
        send_charport(sz[0]+'0');
        adxs(20);
        send_charport('K');                 //发送数值单位 kW·h
        adxs(20);
        send_charport('w');
        adxs(20);
        send_charport('h');
        adxs(20);
        send_stringport("\r\n----------\r\n");
        adxs(20);
        }
    }
```

2. 硬件实作

硬件的制作与调试要分两个阶段。

第一阶段是先不考虑 KYL-610，让单片机的串口通过 MAX232 芯片作电平转换后做到 RS-232 的 DB-9 插头上，通过 RS-232 接口线直接与 PC 机的 RS-232 的 DB-9 插座相连。先调试有线通信方式，上位机可以通过串口调试助手来接收模拟用电数据。

待有线传输成功后，再进入第二阶段。可以选用 TTL 电平的 KYL-610 直接与单片机端的 RXD 与 TXD 相连；选用 RS-232 电平的 KYL-610 与 PC 机的 RS-232 口相连，这样就轻松地改成了无线传输的了。这时，上位机可以通过 KYL-610 由于涉及到两片多脚位的集成电路 ADC0809（28 个脚）与 AT89S52（40 个脚），另外对于 ADC0809 的 CLOCK 端的时钟信号，在设计中有两种解决办法：一种是利用单片机的定时器编程做一个 500kHz 左右的时钟，通过某脚位送给 CLOCK；另一种是利用 14024 分频芯片（14 个脚）按图 4-2-2 所示的连接方式，利用单片机的 ALE（第 30 脚）可以产生晶振的 6 分频信号这个功能，加在 14024 的第一脚上，在 12 脚上就可以得到频率小于 1MHz 的时钟（单片机晶振用的是 11.0592MHz），这个频率是在 ADC0809 的允许范围内的。这里的任务是选择第二种方案，虽然硬件稍复杂些，但省却了复杂的编程。如果利用定时器中断来做这个时钟，在不断调用定时器中断服务程序时，还不能影响发送数据的串行口的时序，编程将变得很复杂。

项目四 通信口应用与控制的设计与制作

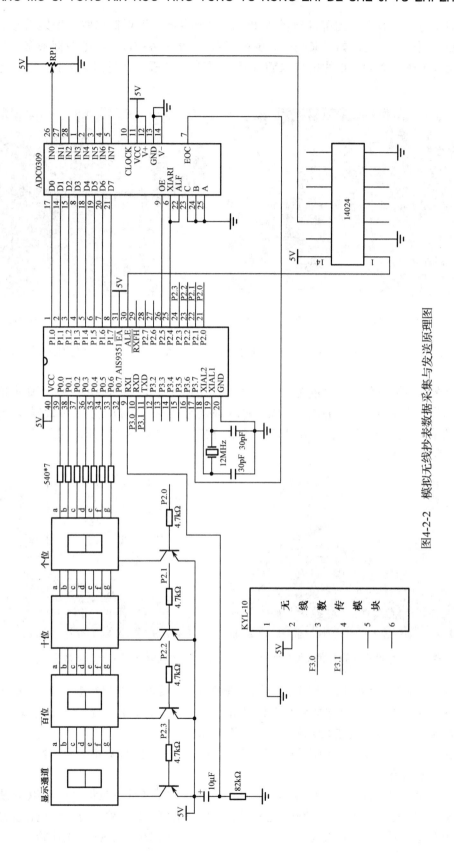

图4-2-2 模拟无线抄表数据采集与发送原理图

基于以上方案，有条件的可以制版做 PCB，那样装接时可以简单些。如果用万用印制板焊接的话，板子要选大一些，如 150mm×100mm 等。在此任务中，建议把数据采集与显示部分做在一块板上（见图 4-2-3），单片机与 KYL-610 做在另一块板上（见图 4-2-4），它们之间用排线进行对接。

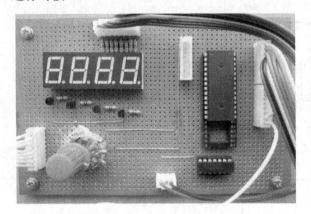
图4-2-3　数据采集与显示部分

图4-2-4　单片机与KYL-610接口部分

两块做好的板子用排线连接好后就是模拟无线抄表系统的数据采集与发射系统了，如图 4-2-5 所示。

数据采集与发射系统工作时的图片如图 4-2-6 所示。图 4-2-6 中 4.7kΩ的可调电位器通过旋转可以模拟不同的用电量，并通过 4 位数码管实时显示出来（模拟电度表读数屏）。同时，这个模拟的用电量也通过连接在单片机串口发送端 TXD 传送给 KYL-610，由 KYL-610 调制出 433MHz 的载波发射出去。

图4-2-5　模拟无线抄表系统的数据采集与发射系统

图4-2-6　模拟用电量数据采集部分工作状况

对发送的用电信息抄表时，用个人计算机来模拟。将接好 RS-232 座的 KYL-610 无线传输模块（接线见图 4-2-1）不带电插到个人计算机的 RS-232 插头上，插好后无线模块再加上+5V 电源。这里要说明一点，现在笔记本电脑一般没有 RS-232 口，可以买一个笔记本串口卡插在笔记本的 Pcmcia 口上，装好随卡配的驱动程序，这样笔记本电脑也具备 RS-232 了。笔者就是这么做的，效果非常好。

当上述工作做好后，打开 KYL-610.EXE 软件，参照前面的源程序做好以下设置：选好 COM 口建立串口连接、波特率 9600、无校验位、8 位数据、1 位停止位。读电台参数，检测成功后将在电台型号栏显示"KYL-610"、信道号选 No.1、串口模式 9600、无检验。

设置好后，数据接收区将迅速不停地显示采集到的现场用电量数值，且与现场数码管实时显示的值一样，结果如图4-2-7所示。

图4-2-7 无线采集到的现场用电量

三、任务拓展

（1）原任务的硬件不作修改，要求修改程序，实现上位机发出抄表命令给下位机时，下位机接收到正确的命令后立即发一次现场的用电数据给上位机。

（2）前面任务完成后，要求修改程序：波特率设为4800，串口发送的第一行字符串改为表示温度方面的信息。硬件修改：模拟数据采集部分采用18B20温度传感器，其余硬件部分不变。实现"远程温度无线采集系统"功能。

（3）思考与练习。

① RS-232通常有哪些规格？其硬件接口协议是什么？

② 单片机发出的数据为什么不能直接传送给个人计算机？如何解决它们之间的传送？

③ 若想用运算放大器做一个项目，要求运算放大器用±12V电源供电。但目前只有+5V的电源，能否想个办法让+5V的电源转换成±12V的电源？

④ 串口调试助手是什么软件？如何使用？

⑤ KYL-610无线数传模块有什么作用？可以运用在哪些场合？

⑥ KYL-610无线数传模块在与单片机或个人计算机组成无线传输系统时在模块选择上和硬件接线上要注意哪些问题？

项目五 微波炉控制系统的设计与制作

一、项目描述

本项目以微波炉为载体，通过 Proteus 和 Keil C 软件构建一套虚拟的微波炉控制系统，并进行微波炉的设计和制作。学习 12864 液晶屏的基本知识和使用方法，掌握直流电动机或者步进电动机的使用，了解学习较复杂的单片机应用整体方案，掌握较复杂的软硬件设计、整机装配和调试技术。

二、工作内容

本项目要求学生通过网络查找、资料收集、自主学习等掌握 12864 液晶屏的使用和电动机的使用，来设计实现模拟的微波炉控制系统。该系统的功能分基本要求和个人发挥两部分，详细要求由小组讨论决定。具体内容如下：

（1）查资料，完成任务分析、提出性能指标和功能。
（2）用 Proteus 设计硬件原理图，小组集体讨论分析，画出软件流程图。
（3）用 C51 语言编程，仿真实现该系统功能。
（4）用 Protel 设计该系统的 PCB，并列出元器件清单。
（5）进行电路安装和程序调试。
（6）测试该系统的性能，使之达到设计要求。
（7）完成项目设计报告并汇报，对项目自评、小组评和教师评价并完善产品。

三、学习目标

（1）掌握 12864 液晶屏的基本知识，会编程实现液晶屏显示。
（2）掌握直流电动机或者步进电动机的使用。
（3）掌握复杂电路设计的接口分配和中断的应用。
（4）掌握较复杂的单片机产品的设计、安装、调试等知识。

四、工作评价

1. 学业评价形式

学业评价由个人、小组和教师分别打分，计入总分。注重平时和过程的考核，注重学习态度，注重自学能力的培养，注重实干和创新精神的培养。

2. 学业评价标准

评价标准

班级：　　　　学生姓名：　　　　同组者：

评价项目	要求	评分标准	配分	个人评价	小组评价	教师评价
一、工作准备	1. 收集微波炉系统的相关资料，认识 12864 液晶屏、直流电动机、步进电动机等元件，熟练掌握中断、计数等知识； 2. 有项目实施初步方案	1. 资料不全扣 4 分； 2. 无初步方案扣 6 分	10			
二、电路设计	1. 电路设计合理、正确； 2. 元件安放合理、美观； 3. 走线、连接规范	1. 电路设计不合理扣 10 分； 2. 元件位置不正确、插接方式不符合设计要求扣 5 分； 3. 导线连接走线不规范扣 10 分	25			
三、程序设计	1. 流程图设计规范、正确； 2. 能根据流程图正确写出程序	1. 流程图设计不正确扣 10 分； 2. 不能根据流程图正确编写程序扣 15 分	25			
四、软硬件联调	1. 能使用 Keil C 软件调试、编译程序，产生 HEX 文件；能使用 Proteus 软件仿真，仿真正确； 2. 会使用编译器等工具烧录程序； 3. 对调试过程中出现的问题能及时解决，调试结果正确	1. 不会使用 Keil C 件编译程序、Proteus 软件仿真各扣 10 分； 2. 对调试过程中出现的问题不能及时解决，调试结果不正确扣 5 分	25			
五、工作态度	1. 着装整齐、操作工位整洁，操作过程按照工艺要求有序工作，符合安全规范。不浪费原材料； 2. 操作过程无事故，无工具设备损坏	1. 不符合技术要求扣 1 分/项； 2. 不符合安全用电扣 10 分； 3. 工艺要求不合理、操作工程不安全扣 2 分/项	10			
六、工作总结	完成项目设计报告	未按时完成项目设计报告、总结扣 5 分	5			
合计总分						

五、工作过程

根据要求，设计和制作的微波炉系统基本功能为液晶屏显示、矩阵键盘使用、点击控制等，可根据各自学习状况，选择蜂鸣器音乐鸣叫、火力调节等功能。本项目用 12864 液晶显示、电动机、微波炉控制系统实现这三个任务，以渐进式完成设计和制作任务。

工作任务计划书

班级：　　　　学生姓名：　　　　同组者：

项　目	微波炉控制系统的设计与制作	任　务	工作任务计划书
要求：制订设计与制作项目的工作计划和要求，按照项目设计、生产规范			
资料检索 （制订要查找的资料）			
工作计划 （完成任务的时间安排）			
产品功能 （描述产品的功能、面向群体、指标等）			

续表

项 目	微波炉控制系统的设计与制作	任 务	工作任务计划书
设计要求 （根据功能要求，提出设计指标、功能等）			
程序设计 （仿真要求、程序要求等）			
成本要求 （通过元件选型、方案比较等制订性价比高的方案）			
产品检测 （对性能、指标测试）			
方案完善 （提出对产品的完善建议）			
备 注			

任务一　12864 液晶显示

一、12864 液晶显示实现

12864 液晶显示任务书

班级：　　　　学生姓名：　　　　同组者：

项 目	微波炉控制系统的设计与制作	任 务	12864 液晶显示
要求：了解 12864 液晶显示基本知识，能实现 12864 液晶显示			
资料检索 （液晶屏基本知识；12864 液晶屏显示读写操作时序；液晶屏行列显示；液晶屏显示常用程序；16*16 汉字显示程序段；液晶屏显示调用方法）			
知识学习 （学习要点总结归纳）			
元件选择 （仿真软件中的元件选择；液晶屏实物选择；性价比考虑）			
元件检测 （各接口分配连接；液晶屏检测）			
方案设计 （Proteus 软件仿真实现液晶屏显示，电路搭接实现液晶屏实物显示）			
仿真调试 （安装、调试、检测）			
方案完善 （提出对产品的完善建议）			
应用推广 （液晶屏显示的其他应用）			
学习思考 （学习方法、经验等）			

二、元件检测

本教材选用的 12864 芯片型号为 GXM12864,控制芯片为 KS0108B 和 KS0107B,其主要显示指标如下。

1. 显示指标

显示像素:128(W)×64(H)点阵

点阵尺寸:0.49mm(W)×0.41mm(H)

可视区域:55.2mm(W)×37.8mm(H)

外形尺寸:最大 75.0mm(W)×52.0mm(H)×13.2mm(T)

LCD 类型:STN 蓝膜模式

显示模式:透射式、负显示

视角:6:00

背光形式:白色侧背光

控制/驱动芯片:ST7920 ST7921

温度范围:工作-20~+70℃;存储-25~+75℃

模块工作电压:VDD5.0±0.1V

背光源工作电压:5.0±0.2V

2. GXM12864 接口引脚说明

引脚号	引脚名称	引脚功能描述
1	VSS	电源地(0V)
2	VDD	电源电压(+5V)
3	VO	液晶显示器驱动电压
4	RS(CS)	指令数据选择,高电平数据模式,低电平指令模式
5	R/W	芯片读写端高电平读,低电平写
6	E	使能信号
7~14	DB0~DB7	MCU 与液晶模块之间数据传送通道
15	PSB	H:并行数据输入,L:串行数据输入
16	NC	
17	RET	复位信号,低电平复位
18	VEE	输出-10V 的背光电源,给 VO 提供驱动电源
19	LEDK	背光电压(0V)
20	LEDA	背光电压(5V)

3. LCD 模块使用注意事项

显示屏为玻璃制作。请勿施予机械冲击,如从高处坠落等。

若显示屏损坏,内部液晶泄漏,切勿使其进入口中。若沾到衣服或皮肤上,迅速用肥皂和水清洗。

勿对显示屏表面或 LCD 模块的连接区域施加过大的力,这将导致色调变化。

LCD 模块显示屏表面偏振片是软的,且易划伤。应小心操作。

若弄脏 LCD 模块显示块表面，用柔软的干布擦拭。若严重污损，则选异丙醇或酒精，将布蘸湿来擦拭。严禁使用水或芳香族溶剂。

利用安装孔安装 LCD 模块时，保证勿使其扭曲、压弯和变形。变形会对显示质量有重大影响。

安装 LCD 模块时，禁止强行拉或弯曲 I/O 引线。

禁止拆卸 LCD 模块。

三、附件

1. Proteus 软件仿真图（见图 5-1-1）

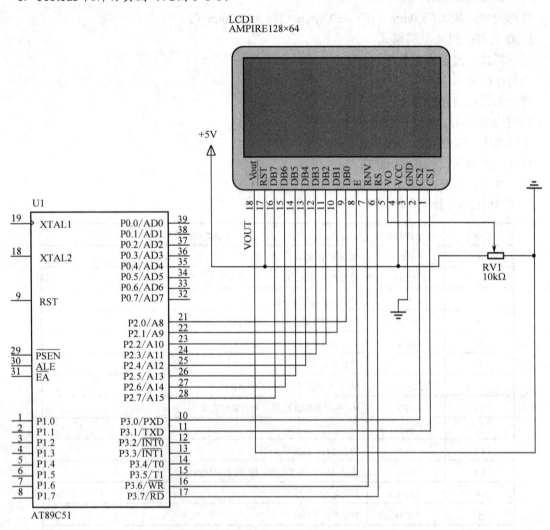

图 5-1-1　Proteus 软件仿真图

2. 源程序

1）12864.c 文件

```
#include <at89x52.h>
#include <intrins.h>
#define high 1
```

```c
#define low 0
#define false 0
#define true ~false
#define uchar unsigned char
#define uint unsigned int
#include "12864.h"
sbit   csa=P3^1;
sbit   csb=P3^0;
sbit   id=P3^7;
sbit   rw=P3^6;
sbit   e=P3^5;
void pcode(uchar ppcode,r,l)//写命令
{   uchar i;
      i=r;
         if(i==0x01){csb=1;}
         else{csb=0;}
      i=l;
         if(i==0x01){csa=1;}
         else{csa=0;}
    id=0;
    rw=1;
      do{         /*液晶显示屏判忙 */
         P2=0x00;
          e=1;
          i=P2;
          e=0;
          }while(i&0x80==0x80);
       _nop_();
       rw=0;
       P2=ppcode;
        e=1;
        e=0;
}
void wdata(uchar ddata,r,l)//写数据
{   uchar i;
    if(r==0x01){csb=1;}
    else{csb=0;}
    if(l==0x01){csa=1;}
    else{csa=0;}
     id=0;
     rw=1;
     do{ P2=0x00;
          e=1;
          i=P2;
          e=0;}while(i&0x80==0x80);
          _nop_();
```

```c
        id=1;
        rw=0;

        P2=ddata;
        e=1;
        e=0;
}
void cshxsp()//初始化
{
    pcode(0x3f,0x01,0x00);
    pcode(0x3f,0x00,0x01);
    pcode(0xc0,0x01,0x00);
    pcode(0xc0,0x00,0x01);
}
void dz(uchar address1,address2, r,l)//写地址
{
    pcode(address1,r,l);
    pcode(address2,r,l);
}
void clear()//清屏
{
uchar i,j,m;
for(j=0;j<8;j++)
    {/*分别取 8 行首地址,
        本屏左右屏第一列列地址为 0x40,每加一列加 1*/
        m=j|0xb8;/*分别取八行首地址,
        本屏左右屏第一行行地址为 0xB8,每加一列加 1*/
        dz(m,0x40,0x01,0x00);
        dz(m,0x40,0x00,0x01);
        for(i=0;i<64;i++)
            {/*左右屏每行分别从第一列开
            始写入代码 0X00,即不显示任何内容,完成清屏*/
                wdata(0x00,0x01,0x00);
                wdata(0x00,0x00,0x01);
            }
    }
}
void wzxs(uchar address1,address2, r,l,n)//文字显示
{
    uchar i;
    uint  bz;
    bz=0x0020*(n-1);/*16*16 字符字模内容共 32 组,
            第 N 个字符代码从 0X20*(N-1)开始*/
    dz(address1,address2, r,l);
    for(i=0;i<16;i++)
    {
```

```c
            wdata(wzdot[bz+i],r,l);
        }
        dz(address1+1,address2, r,l);
        for(i=0;i<16;i++)
        {
            wdata(wzdot[bz+0x0010+i],r,l);
        }
}
void xshm()//江苏联合职业技术学院
{
        wzxs(0xb9,0x40,0x01,0x00,1);
        wzxs(0xb9,0x50,0x01,0x00,2);
        wzxs(0xb9,0x60,0x01,0x00,3);
        wzxs(0xb9,0x70,0x01,0x00,4);

        wzxs(0xbb,0x60,0x01,0x00,5);
        wzxs(0xbb,0x70,0x01,0x00,6);
        wzxs(0xbb,0x40,0x00,0x01,7);
        wzxs(0xbb,0x50,0x00,0x01,8);
        wzxs(0xbb,0x60,0x00,0x01,9);
        wzxs(0xbb,0x70,0x00,0x01,10);
}
void main()
{
        cshxsp();//初始化
        clear();//清屏
            while(1)
            {
                xshm();
            }
}
```

2）112864.h 文件

```c
unsigned char code wzdot[] = {
0x10,0x60,0x01,0xC6,0x30,0x00,0x04,0x04,0x04,0xFC,0x04,0x04,0x04,0x04,0x00,0x00,
0x04,0x04,0x7E,0x01,0x20,0x20,0x20,0x20,0x20,0x3F,0x20,0x20,0x20,0x20,0x20,0x00,
0x04,0x04,0x44,0x44,0x44,0x5F,0x44,0xF4,0x44,0x5F,0x44,0xC4,0x04,0x04,0x04,0x00,
0x00,0x40,0x4C,0x27,0x10,0x0C,0x07,0x01,0x20,0x40,0x40,0x3F,0x00,0x02,0x0C,0x00,
0x02,0xFE,0x92,0x92,0x92,0xFE,0x12,0x11,0x12,0x1C,0xF0,0x18,0x17,0x12,0x10,0x00,
0x08,0x1F,0x08,0x08,0x04,0xFF,0x05,0x81,0x41,0x31,0x0F,0x11,0x21,0xC1,0x41,0x00,
0x40,0x40,0x20,0x50,0x48,0x44,0x42,0x41,0x42,0x44,0x68,0x50,0x30,0x60,0x20,0x00,
0x00,0x00,0x00,0x7E,0x22,0x22,0x22,0x22,0x22,0x22,0x22,0x7E,0x00,0x00,0x00,0x00,
0x02,0x02,0xFE,0x92,0x92,0xFE,0x02,0x00,0xFE,0x82,0x82,0x82,0x82,0xFE,0x00,0x00,
0x10,0x10,0x0F,0x08,0x08,0xFF,0x04,0x44,0x21,0x1C,0x08,0x00,0x04,0x09,0x30,0x00,
0x00,0x10,0x60,0x80,0x00,0xFF,0x00,0x00,0x00,0xFF,0x00,0x80,0x60,0x38,0x10,0x00,
0x20,0x20,0x20,0x23,0x21,0x3F,0x20,0x20,0x20,0x3F,0x22,0x21,0x20,0x30,0x20,0x00,
```

```
    0x08,0x08,0x88,0xFF,0x48,0x28,0x00,0xC8,0x48,0x48,0x7F,0x48,0xC8,0x48,0x08,0x00,
    0x01,0x41,0x80,0x7F,0x00,0x40,0x40,0x20,0x13,0x0C,0x0C,0x12,0x21,0x60,0x20,0x00,
    0x10,0x10,0x10,0x10,0x10,0x90,0x50,0xFF,0x50,0x90,0x12,0x14,0x10,0x10,0x10,0x00,
    0x10,0x10,0x08,0x04,0x02,0x01,0x00,0x7F,0x00,0x00,0x01,0x06,0x0C,0x18,0x08,0x00,
    0x40,0x30,0x10,0x12,0x5C,0x54,0x50,0x51,0x5E,0xD4,0x50,0x18,0x57,0x32,0x10,0x00,
    0x00,0x02,0x02,0x02,0x02,0x02,0x42,0x82,0x7F,0x02,0x02,0x02,0x02,0x02,0x02,0x00,
    0xFE,0x02,0x32,0x4A,0x86,0x0C,0x24,0x24,0x25,0x26,0x24,0x24,0x24,0x0C,0x04,0x00,
    0xFF,0x00,0x02,0x04,0x83,0x41,0x31,0x0F,0x01,0x01,0x7F,0x81,0x81,0x81,0xF1,0x00,
    /*江苏联合职业技术学院*/
    };
```

3. 练习与思考

仪表开机屏幕显示：设计一个液晶时钟，采用的接口电路原理图如图 5-1-1 所示。要求显示"UV-IS 紫外 SO_2 浓度在线分析仪"。其显示结果如图 5-1-2 所示。

图 5-1-2　开机屏幕的显示结果

任务二　电动机控制

一、电动机控制

电动机控制任务书

班级：	学生姓名：	同组者：		
项　目	微波炉控制系统的设计与制作		任　务	电动机控制
要求：掌握直流电动机的控制方式、步进电动机的控制方法				
资料检索 （直流电动机；步进电动机；直流电动机正/反转的控制实施方法；步进电动机正/反转的控制实施方法）				
知识学习 （学习要点总结归纳）				
元件选择 （直流电动机键；步进电动机；芯片选择）				

续表

项　目	微波炉控制系统的设计与制作	任　务	电动机控制
元件检测 （直流电动机控制；步进电动机的步进选择）			
方案设计 （直流电动机控制电路的仿真与搭接；步进电动机的电路仿真与搭接）			
安装调试 （安装、调试、检测）			
方案完善 （提出完善建议）			
应用推广 （步进和直流电动机在电梯中的应用）			
学习思考 （学习方法、经验等）			

二、元件检测

1. 电动机正/反转的控制实施方法

直流电动机正/反转的控制关键在于控制电路的搭建，这里选用三极管电流放大驱动电路，其电路图如图 5-2-1 所示。

其基本原理如下：

当 A 点为低电平时，Q3、Q7 截止，Q1、Q2 导通，电动机左端呈现高电平；当 B 点为高电平时，Q4、Q5 截止，Q6、Q8 导通，电动机右端呈现低电平，因此，在 A 为 0，B 为 1 时，电动机正转。反之，当 A 点为高电平时，Q3、Q7 导通，Q1、Q2 截止，电动机左端呈现低电平。

当 B 点为低电平时，Q4、Q5 导通，Q6、Q8 截止，电动机右端呈现低高平，因此，在 A 为 1，B 为 0 时，电动机反正转。当 A、B 点同时为低电平时，电动机两端均为高电平，电动机停止转动，同样，当 A 点和 B 点同时为高电平时，电动机两端均为低电平，电动机停止转动。

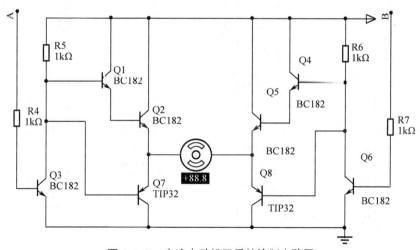

图 5-2-1　直流电动机正反转控制电路图

2. 步进电动机正/反转的控制实施方法

步进电动机正/反转的控制选用达林顿驱动器 ULN2003A，本例采用的是 6 线 4 相制步进电动机，其中四条驱动线通过 ULN2003A 与单片机 P1.0～P1.3 相连，1C、2C、3C、3C 分别连接的是步进电动机的 A、B、C、D 相。本例采用的是 4 相步进电动机工作于 8 拍方式，其正转励磁序列为 A→AB→B→BC→C→CD→D→DA，其反转励磁序列为 AD→D→CD→C→BC→B→AB→A。具体电路图如图 5-2-2 所示。

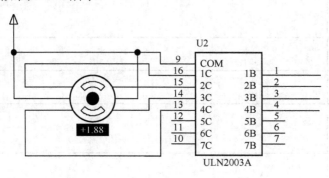

图 5-2-2　步进电动机正/反转控制电路图

三、附件

1. Proteus 软件仿真

（1）直流电动机采用的是 Proteus 软件中自带的 MOTOR-DC，为了更好地达到仿真的停止效果，需要将该仿真模型的 Effective Mass 参数设置得小一些，可设置为 0.00001。直流电动机正/反转控制总图如图 5-23 所示。

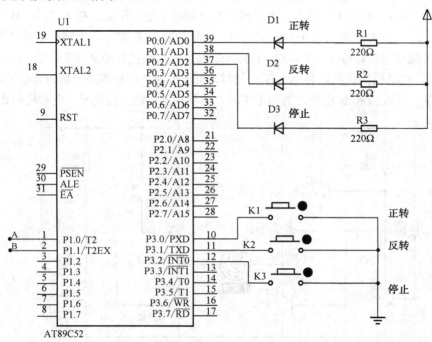

图 5-2-3　直流电动机正/反转控制总图

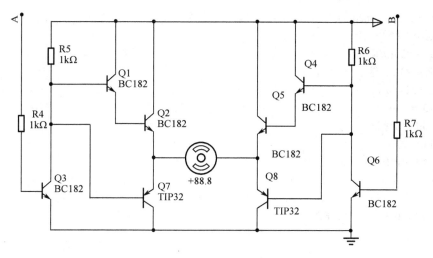

图 5-2-3 直流电动机正/反转控制总图（续）

（2）步进电动机采用的是 Proteus 软件中自带的 MOTOR-STEEPER，步进电动机正/反转控制总图如图 5-2-4 所示。

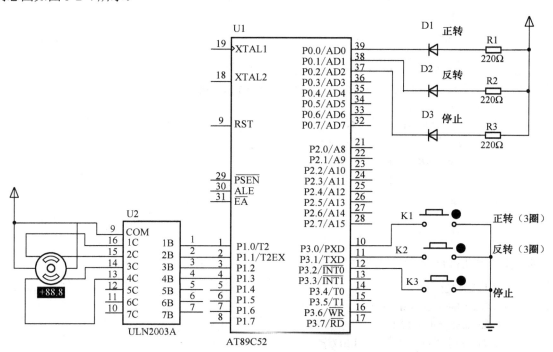

图 5-2-4 步进电动机正/反转控制总图

2. 源程序

1) 直流电动机正/反转控制程序

```
/*运行时,按下 K1 直流电动机正转,按下 K2 反转，按下
K3 时停止,在进行相应操作时,对应的 LED 灯被点亮*/
#include <reg52.h>
#define uchar unsigned char
```

```c
#define uint unsigned int
sbit K1=P3^0;//正转
sbit K2=P3^1;//反转
sbit K3=P3^2;//停止
sbit LED1=P0^0;
sbit LED2=P0^1;
sbit LED3=P0^2;
sbit MA=P1^0;
sbit MB=P1^1;
void main(void)
{
    LED1=1;LED2=1;LED3=0;
    while(1)
    {
        if(K1= =0)         //正转
        {
            while(K1= =0);
            LED1=0;LED2=1;LED3=1;MA=0;MB=1;
        }
        if(K2= =0)         //反转
        {
            while(K1= =0);
            LED1=1;LED2=0;LED3=1;MA=1;MB=0;
        }
        if(K3= =0)         //停止
        {
            while(K3= =0);
            LED1=1;LED2=1;LED3=0;MA=0;MB=0;
        }
    }
}
```

2) 步进电动机正/反转控制程序

```c
#include <reg52.h>
#define uchar unsigned char
#define uint unsigned int
//本例 4 相步进电动机工作于 8 拍方式
//正转励磁序列为 A→AB→B→BC→C→CD→D→DA
uchar code FFW[]={0x01,0x03,0x02,0x06,0x04,0x0c,0x08,0x09};
//反转励磁序列为 AD→D→CD→C→BC→B→AB→A
uchar code REV[]={0x09,0x08,0x0c,0x04,0x06,0x02,0x03,0x01};
sbit K1=P3^0;//正转
sbit K2=P3^1;//反转
sbit K3=P3^2;//停止
void delay(uint x)
{
```

```c
uchar i;
while(x--)for(i=0;i<120;i++);
}
void SETP_FFW(uchar n)//正转
{
    uchar i,j;
        for (i=0;i<5*n;i++)
        {
            for(j=0;j<8;j++)
            {
                if(K3= =0)break;
                P1=FFW[j];
                delay(25);
            }
        }
}
void SETP_REV(uchar n)//反转
{
uchar i,j;
    for (i=0;i<5*n;i++)
        {
            for(j=0;j<8;j++)
            {
                if(K3= =0)break;
                P1=REV[j];
                delay(25);
            }
        }
}
void main()
{
uchar n=3;
    while(1)
        {
        if(K1= =0)
            {
                P0=0xfe;
                SETP_FFW(n);
                if(K3= =0)break;
            }
        else if(K2= =0)
            {
                P0=0xfd;
                SETP_REV(n);
                if(K3= =0)break;
            }
```

```
                    else
                       {
                           P0=0xfb;
                           P1=0x03;
                       }
                   }
               }
```

3. 练习与思考

试设计一电路,并编写程序,来实现通过按键加减对电动机的转速控制。

任务三 微波炉控制系统的实现

一、微波炉控制系统的实现

微波炉控制系统的设计与制作任务书

班级:　　　　学生姓名:　　　　同组者:

项　目	微波炉控制系统的设计与制作	任　务	微波炉控制系统的设计与制作
要求:掌握微波炉控的设计和制作,了解复杂产品的制作过程			
资料检索 (微波炉功能分析;设计方案;软件编程;软硬件调试)			
软件仿真实现 (电路和程序)			
电路硬件设计 (电路、元器件清单、PCB制作)			
安装调试 (安装、调试、检测)			
方案验证 (仿真程序修改、完善)			
方案完善 (提出对产品的完善建议)			
学习思考 (学习方法、经验等)			

二、附件

1. 实物图（见图 5-3-1）

图 5-3-1　微波炉模型实物图

2. 原理图（见图 5-3-2）

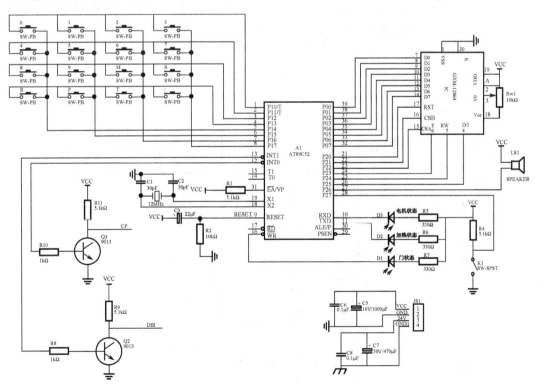

图 5-3-2　微波炉模型电路图

3. PCB 图（见图 5-3-3）

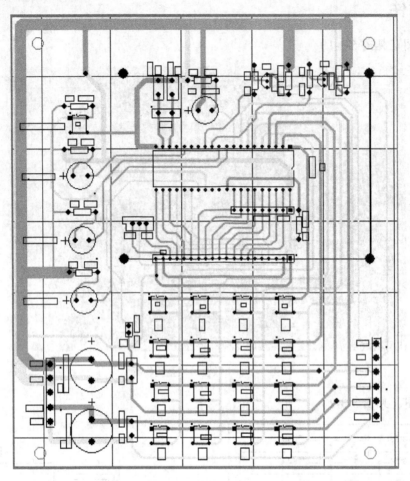

图 5-3-3　微波炉模型 PCB 图

4. 元器件清单

名　称	规格或型号	数　量	备　注
电阻	10kΩ	1	
	5.1kΩ	3	
	330Ω	3	
	1kΩ	2	
电容	30pF	2	
	22μF	1	钽电容
	0.1μF	2	
	50V/1000μF	1	
	16V/1000μF	1	
排阻	10kΩ*8	1	
电位器	10kΩ	1	卧式

续表

名 称	规格或型号	数 量	备 注
三极管	9013	3	
LED 发光管	红色	3	
独立按键		17	
12864 液晶屏		1	
开关电源	5V（1A）24V（1A）	1	
底座	40P	1	
接线端子	2P 间距 5mm	10	
	3P 间距 5mm	10	
晶振	12M	1	
插针，插座	40P 间距 2.5mm	2 套	
电脑螺钉	3mm	16	
可拆卸 40P 底座		1	
蜂鸣器		1	

5. 源程序

```
#include <at89x52.h>
#include <intrins.h>
#define high 1
#define low 0
#define false 0
#define true ~false
#define uchar unsigned char
#define uint unsigned int
#include "endweibl.h"
sbit    csa=P2^2;
sbit    csb=P2^1;
sbit    rst=P2^0;
sbit    id=P2^5;
sbit    rw=P2^4;
sbit    e=P2^3;
sbit    jr=P3^1;
sbit    beer=P2^6;
sbit    djlamp=P3^0;        /*蜂鸣器,加热,电机,门灯位定义 */
sbit    door=P3^6;
sbit km1=P3^2;              /*交流电机接口,本程序中无意义 */
sbit km2=P3^3;              /*直流电机启停 */
uchar gate,fen,miao,xsh[2],fzt,szt,f1,f2,m1,m2;
uchar temp,hang,lie,jsz;
uchar z,key,i1,djzt,beerzt,stop;
uchar sw,yunx;
/******************************
* 延时子程序,根据所需延时时间 *
```

```c
 *   确定传递参数的值              *
******************************/
void delay(uint  n)
{
    uint rr ;
    for(rr=0;rr<n;rr++)     {}
}
/*****************************
 * 屏指令写入    ppcode:写入代码*
 *      r=0,l=1,左;r=1,l=0,右;    *
******************************/
void pcode(unsigned char ppcode,r,l)
{  uchar i;
   i=r;
   if(i= =0x01){csb=1;}       /*左右屏输入  */
   else{csb=0;}
   i=l;
   if(i= =0x01){ csa=1;}
   else{csa=0;}
   id=0;
   rw=1;
   do{ P0=0x00;   /*液晶显示屏"忙"判断 */
       e=1;
       i=P0;
       e=0;}while(i&0x80= =0x80);

       rw=0;
       P0=ppcode;    /*代码写入  */
       e=1;
       e=0;
}
/*****************************
 * 屏数据写入    ddata:写入数据*
 *      r=0,l=1,左;r=1,l=0,右;    *
******************************/
void wdata(uchar ddata,r,l)
{  uchar i;
   if(r= =0x0001){ csb=1;}     /*左右屏输入  */
   else{csb=0;}
   if(l= =0x0001){csa=1;}
   else{csa=0;}
   id=0;
   rw=1;
   do{ P0=0x00;     /*液晶显示屏"忙"判断 */
       e=1;
       i=P0;
```

```
             e=0;}while(i&0x80==0x80);

             id=1;
             rw=0;
             P0=ddata;        /*代码写入 */
             e=1;
             e=0;
}
/*****************************
*  屏初始化                    *
*****************************/
void cshxsp()
{pcode(0x3f,0x01,0x00);
 pcode(0x3f,0x00,0x01);
 pcode(0xc0,0x01,0x00);
 pcode(0xc0,0x00,0x01);
}
/*****************************
*  屏寻址                      *
*****************************/
void dz(uchar address1,address2, r,l)
{pcode(address1,r,l);
 pcode(address2,r,l);
}
/*****************************
*  清屏                        *
*****************************/
void clear()
{
uchar i,j,m;
for(j=0;j<8;j++)
        {
            m=j|0xb8;
            dz(m,0x40,0x01,0x00);
            dz(m,0x40,0x00,0x01);
            for(i=0;i<64;i++)
                {
                    wdata(0x00,0x01,0x00);
                    wdata(0x00,0x00,0x01);
                }
        }
}
/*****************************
*  数字显示 8*8                *
*****************************/
void szxs(uchar address1,address2, r,l,n)
```

```c
{uchar i;
 uint  bz;
 bz=0x0008*(n);
 dz(address1,address2, r,l);      /*寻址*/
 for(i=0;i<8;i++)
     {wdata(hzdot[bz+i],r,l);}    /*写入八组代码*/
}
/*****************************
 *  文字显示 16*16             *
 *****************************/
void wzxs(uchar address1,address2, r,l,n)
{uchar i;
 uint  bz;
 bz=0x0020*(n-1);
 dz(address1,address2, r,l);
 for(i=0;i<16;i++)
     {wdata(wzdot[bz+i],r,l);}
 dz(address1+1,address2, r,l);
 for(i=0;i<16;i++)
     {wdata(wzdot[bz+0x0010+i],r,l);}
}
/*****************************
 * 分位 1,取出数据的个十位            *
 *****************************/
void fw1(float shuju)
     {
         xsh[1]=shuju/10;
         xsh[0]=shuju-xsh[1]*10;
     }
/*********************************
 * 循环显示三遍欢迎,显示完成后清屏*
 *********************************/
void hy()
{uchar h, w,k,l,m,n,q;

  for(q=0;q<3;q++)
 { for(w=0;w<8;w++)
  {k=0x40+w*0x10;
   l=0x40+w*0x10+0x10;
   h=0x40+w*0x10-0x10;
     if(k<0x80){m=0,n=1; wzxs(0xb8,k,m,n,1);}
   else   if(k<0xc0){k=k-0x40;m=1,n=0;wzxs(0xb8,k,m,n,1);}
   else{}
     if(l<0x80){m=0,n=1; wzxs(0xb8,l,m,n,2);}
   else if(l<0xc0){l=l-0x40;m=1,n=0;wzxs(0xb8,l,m,n,2);}
     else{}
```

```c
        if(h<0x80){m=0,n=1; wzxs(0xb8,h,m,n,8);}
        else if(h<0xc0){h=h-0x40;m=1,n=0;wzxs(0xb8,h,m,n,8);}
        else{}
       delay(20000);
       delay(20000);
    }
  clear();}


   }
/*****************************
*  主画面显示:门开(关)         *
*            时间:**.**
******************************/
void zhuhm()
{
 if(gate= =0)
    {wzxs(0xb8,0x40,0x00,0x01,3);
     wzxs(0xb8,0x50,0x00,0x01,5);}
 if(gate= =1)
    {wzxs(0xb8,0x40,0x00,0x01,3);
     wzxs(0xb8,0x50,0x00,0x01,4);}
     wzxs(0xba,0x40,0x00,0x01,6);
     wzxs(0xba,0x50,0x00,0x01,7);
     szxs(0xbb,0X60,0X00,0X01,10);

     fw1(fen);
     szxs(0xbb,0X68,0X00,0X01,xsh[1]);
     szxs(0xbb,0X70,0X00,0X01,xsh[0]);
     szxs(0xbb,0X78,0X00,0X01,11);
     fw1(miao);
     szxs(0xbb,0X40,0X01,0X00,xsh[1]);
     szxs(0xbb,0X48,0X01,0X00,xsh[0]);
    }
void djtz()
{P0=0x00;
 }
void keyzh()                    //键盘扫描
    {
        P1=0x0f;
         delay(10);
           if(P1!=0x0f)          //P1.0~P1.3 作为行线
            {temp=P1;
            switch(temp&0x0f)
                    {
                    case 0x0e:hang=0;break;
                    case 0x0d:hang=1;break;
```

```
                    case 0x0b:hang=2;break;
                    case 0x07:hang=3;break;
                }
            }
        else if(P1==0x0f)    {hang=4;}
    P1=0xf0;
    delay(10);
    if(P1!=0xf0)            //有按键按下,相应的位变为低电平
    { delay(5);
        if(P1!=0xf0)        //P1.4～P1.7 作为行线
        {temp=P1;
            switch(temp&0xf0)
                {
                    case 0xe0:lie=0;break;
                    case 0xd0:lie=1;break;
                    case 0xb0:lie=2;break;
                    case 0x70:lie=3;break;
                }
            }

        }
    else if(P1==0xf0)    {lie=4;}
    key=hang*4+lie;
    }
/******************************
* 门开关按键判断              *
******************************/
void key1()
{temp=P2;
    delay(5);
    switch(temp&0x80)
        {
            case 0x80:gate=0;door=1;break;
            case 0x00:gate=1;door=0;break;
        }
}
/************************************************************
函数名称:定时器 500ms 定时,1s 倒计时程序
函数功能:
入口参数:
出口参数:
备 注:
************************************************************/
void timer0() interrupt 1
{
 TR0=0;
```

```c
         TF0=0;
         TH0=(65536-50000)/256;
         TL0=(65536-50000)%256;
         jsz=jsz+1;
         if(jsz==20)

         {jsz=0;
             miao=miao-1;
             if(miao==255)
                 {if(fen==0){ ET0=0;
                             yunx=3;
                             miao=0;
                             stop=1;
                             }
                  if(fen!=0) {miao=59; fen=fen-1;}
                 }
         }
       TR0=1;
}
/*******************************
* 定时器 2 中断程序 *
*******************************/
void timer2() interrupt 5
{
     TF2=0;
     TR2=0;
     beer=~beer;          /*蜂鸣器频率输出,因不同蜂鸣器调节频率,建议直接置位常鸣 */
     TL2=(65536-50000)/256;
     TH2=(65536-50000)%256;
     TR2=1;
 }
void main()
{ gate=0;
   yunx=0;
   fen=0;
   miao=0;
   fzt=0;
   szt=0;
   f1=0;
   f2=0;
   m1=0;
   m2=0;
   jsz=0;
   TH0=(65536-50000)/256;
   TL0=(65536-50000)%256;
   TMOD=0x01;
```

```
EA=1;
ET0=1;
TL2=(65536-100)/256;
 TH2=(65536-100)%256;
IE=0Xa2;
T2CON=0X04;
TR2=0;
i1=0;

djzt=0;
jr=1;
beer=1;
clear();
cshxsp();
hy();
delay(50000);

clear();
  while(1)

{ key1();      keyzh();
if( gate==0)                       //关门状态
  {
if(stop==1){TR0=0;TR2=1;
                  yunx=3;
                  szt=0;
                  fzt=0;
                  djzt=0;
                  jr=1;}
   if(djzt==1)
    { djlamp=0;
      km1=0;km2=0;}
   if(djzt==0){djtz();djlamp=1;km1=0;km2=1;}

   if(beerzt==1){TR2=1;}

    keyzh();
    if(key==10)
       {if(fzt==0){fzt=1;szt=0;sw=0;}}

     if(key==11)
        {if(szt==0){szt=1;fzt=0;sw=0;}}
     if(key==15)
      {
      sw=sw+1;
       if(sw==2){sw=0;}
```

```c
            do{    keyzh();}while(key==15);

        }

    if(key==12)                //在有时间设定情况下启动运行,置运行状态1
      {if(fen|miao!=0)
       {yunx=1;
        TR0=1;
        ET0=1;                 //启动定时器,置电机标志位,开加热指示灯
        djzt=1;
        jr=0;}
      }
    if(key==13)                //暂停加热,置运行状态2,关电机标志位,关加热指示灯
       {ET0=0;
        yunx=2;
        jr=1;
        djzt=0;}
    if(key==14)                //加热停止,关定时器,初始化所有参数
       {yunx=3;
        ET0=0;
        stop=0;
beer=1;
        TR2=0;
        szt=0;
        fzt=0;
        fen=0;
        f1=0;
        f2=0;
        miao=0;
        m1=0;
        m2=0;
        jr=1;
        djzt=0;
        sw=0;}

    if(key<=9)                 //在刚开机和运行停止后,输入下次运行时间
    { if(yunx==0) {if(fzt==1){switch(sw)
                    {
                    case 0:if(key<6){f1=key;}
                           break;
                    case 1:f2=key;break;
                    }
                }
                if(szt==1){switch(sw)
                    {
                    case 0:if(key<6){m1=key;}
```

```
                                        break;
                            case 1:m2=key;break;
                                   }
                                      }
                         fen=f1*10+f2;
                         miao=m1*10+m2;}
        if(yunx==3) {if(fzt==1){switch(sw)
                        {
                  case 0:if(key<6){f1=key;}
                            break;
                      case 1:f2=key;break;
                                  }
                                     }
                       if(szt==1){switch(sw)
                   {
              case 0:if(key<6){m1=key;}
                        break;
                  case 1:m2=key;break;
                              }
                                  }

                     fen=f1*10+f2;
                     miao=m1*10+m2;}
       }
    zhuhm();
     }
    else {gate=1;                //开门状态
          yunx=0;
          fen=0;
          miao=0;
          fzt=0;
          szt=0;
          f1=0;
          f2=0;
          m1=0;
          m2=0;
          jsz=0;
          i1=0;
          djzt=0;
          jr=1;
          beer=1;
          ET0=0;
          TR2=0;
          zhuhm();}
  }
```

}

endweibl.h

```
unsigned char code hzdot[] = {
0x00,0x3E,0x51,0x49,0x45,0x3E,0x00,0x00,    /*字模 0 0*/
0x00,0x00,0x42,0x7F,0x40,0x00,0x00,0x00,    /*字模 1 1*/
0x00,0x42,0x61,0x51,0x49,0x46,0x00,0x00,    /*字模 2 2*/
0x00,0x21,0x41,0x45,0x4B,0x31,0x00,0x00,    /*字模 3 3*/
0x00,0x18,0x14,0x12,0x7F,0x10,0x00,0x00,    /*字模 4 4*/
0x00,0x27,0x45,0x45,0x45,0x39,0x00,0x00,    /*字模 5 5*/
0x00,0x3C,0x4A,0x49,0x49,0x30,0x00,0x00,    /*字模 6 6*/
0x00,0x01,0x01,0x79,0x05,0x03,0x00,0x00,    /*字模 7 7*/
0x00,0x36,0x49,0x49,0x49,0x36,0x00,0x00,    /*字模 8 8*/
0x00,0x06,0x49,0x49,0x29,0x1E,0x00,0x00,    /*字模 9 9*/
0x00,0x00,0x00,0xD8,0xD8,0x00,0x00,0x00,    /*字模： 10*/
0x00,0x00,0x00,0x60,0x60,0x00,0x00,0x00,    /*字模. 11*/
};
unsigned char code wzdot[] = {
0x14,0x24,0x44,0x84,0x64,0x1C,0x20,0x18,    /*字模欢 1*/
0x0F,0xE8,0x08,0x08,0x28,0x18,0x08,0x00,
0x20,0x10,0x4C,0x43,0x43,0x2C,0x20,0x10,
0x0C,0x03,0x06,0x18,0x30,0x60,0x20,0x00,
0x40,0x41,0xCE,0x04,0x00,0xFC,0x04,0x02,    /*字模迎 2*/
0x02,0xFC,0x04,0x04,0x04,0xFC,0x00,0x00,
0x40,0x20,0x1F,0x20,0x40,0x47,0x42,0x41,
0x40,0x5F,0x40,0x42,0x44,0x43,0x40,0x00,
0x00,0x00,0xF8,0x01,0x06,0x00,0x02,0x02,    /*字模门 3*/
0x02,0x02,0x02,0x02,0x02,0xFE,0x00,0x00,
0x00,0x00,0xFF,0x00,0x00,0x00,0x00,0x00,
0x00,0x00,0x00,0x40,0x80,0x7F,0x00,0x00,
0x40,0x42,0x42,0x42,0x42,0xFE,0x42,0x42,    /*字模关 4*/
0x42,0x42,0xFE,0x42,0x42,0x42,0x42,0x00,
0x00,0x40,0x20,0x10,0x0C,0x03,0x00,0x00,
0x00,0x00,0x7F,0x00,0x00,0x00,0x00,0x00,
0x00,0x10,0x10,0x10,0x11,0x1E,0x14,0xF0,    /*字模开 5*/
0x10,0x18,0x17,0x12,0x18,0x10,0x00,0x00,
0x01,0x81,0x41,0x21,0x11,0x09,0x05,0x03,
0x05,0x09,0x31,0x61,0xC1,0x41,0x01,0x00,
0x00,0xFC,0x44,0x44,0x44,0xFC,0x10,0x90,    /*字模时 6*/
0x10,0x10,0x10,0xFF,0x10,0x10,0x10,0x00,
0x00,0x07,0x04,0x04,0x04,0x07,0x00,0x00,
0x03,0x40,0x80,0x7F,0x00,0x00,0x00,0x00,
0x00,0xF8,0x01,0x06,0x00,0xF0,0x92,0x92,    /*字模间 7*/
0x92,0x92,0xF2,0x02,0x02,0xFE,0x00,0x00,
0x00,0xFF,0x00,0x00,0x00,0x07,0x04,0x04,
0x04,0x04,0x07,0x40,0x80,0x7F,0x00,0x00,
0x00,0x00,0x00,0x00,0x00,0x00,0x00,0x00,    /*字模 空白 8*/
```

```
    0x00,0x00,0x00,0x00,0x00,0x00,0x00,0x00,
    0x00,0x00,0x00,0x00,0x00,0x00,0x00,0x00,
    0x00,0x00,0x00,0x00,0x00,0x00,0x00,0x00,
};
```

三、工作总结

微波炉项目工作总结任务书

班级：　　　　学生姓名：　　　　同组者：

项目	微波炉控制系统的设计与制作	任务	微波炉项目工作总结
要求：掌握电子产品技术文件的编写过程			
整机性能测试	定时精度：		功能：
测试结果分析	定时精度：		功能：
设计技术文件 （标准规范、技术说明、调试说明、元器件清单、软件程序等）			
工艺技术文件 （电路图、软硬件装配图、PCB图等）			
项目设计报告 （设计内容、设计思路、电路原理、调试出现的问题、设计的特点和改进的设想等）